昭和戦前期の
国家と農村

南 相虎

日本経済評論社

目次

凡例

一　資料を引用する場合は常用漢字、現代かなづかいに改めたものもある。
一　引用資料には適宜句点を付した。原典に付されている句読点は原則としてそのまま記した。
一　引用文中〔　〕でくくった箇所は、筆者が便宜上補ったものであり、（　）は原文の注記である。
一　日記の引用に際しては、原文を尊重したため、かなづかいの不統一や当て字などはそのままとした。また、文中の敬称は省略した。
一　本文のなかの数値や〈表〉の数値は、原則として最小位未満を四捨五入した。〈表〉の空欄は数値不明、または人名不明のものである。
一　地名などは原則として当時の呼称にしたがった。

序　章 ―問題関心と課題―

一　問題関心

近代日本は、日清戦争・日露戦争の勝利をへて、第一次世界大戦後には、世界三大強国の一つにのし上がっていった。それは、「今日我が帝国は世界の一等国として世に誇っている」と民族の自負心を持つ人間を作り出した。日本はなぜ一等国になれたのか。

如何なる理由によってわが国は一等国たるの班に列することを得たか。世界の文化に多大なる貢献をなしたるによるか。或いは経済、産業において卓越したる力を有するによるか。否々、その何れも然らず、一つに日清日露の両戦役において、その威を海外に示したるによるのではないか。〔略〕我は劣れる経済力と軍備を以て、見事に彼等に止めを刺し〔略〕抑もこの威力は一体何処から来たか。それこそ我国の皇室中心の国体観念から生まれたものである。我々の誇りとする大和魂が即ちそれである。故に一言に尽せば大和魂が国体を擁護し勝を制したということが出来る(1)

この言説は、一九二八（昭和三）年当時の農林大臣山本悌二郎が、共産党事件に際して共産党批判のために書いたものの一部であるが、この文章から次の二点が読みとれよう。

一つは、一等国となった理由を、国体観念や大和魂などの自民族中心的な価値に求めていたことである。日本が世界の強大国となったその原動力を、日本中心主義的価値に求めることは、近代化のなかで軽視しがちであった日本的価値を再認識させ、かつ高揚させることに寄与したに違いない。現実に、太平洋戦争初期における豊かなアメリカに対する勝利は、昭和初期の特徴である「反」西洋文明的な日本的価値の広い流布と定着に、決定的役割を果したと思われる。太平洋戦争初期の勝利後、一人の農民が「布哇に、馬来沖に米英太平洋艦隊の撃滅の報に耳を疑った吾等は〔略〕矢継ぎ早の次々の陥落の報に心より神国日本なる哉と祖国への反省と自覚を促される次第である(2)」と言ったのは、それを物語る。

もう一つは、一等国の名と、それにふさわしくない現実との乖離の問題があったことである。前述の政治家山本悌二郎にとっては「文化」がそうであり、「経済」「産業」「軍備」がそうであった。乖離が大きければ大きいほど、国家は国民に強い指導と要求を行うこととなる。実に、一等国としての地位を得たその時期（大正期）に、多くの国民は、一等国という意識とは無縁に、その名とかけ離れた現実の世界に住んでいた。その現実の世界（なかでも農村）では「農村疲弊」、小作問題などが社会的・政治的に問題化していた。このような大正期の農村問題に対する政策について、農林官僚であり、農村経済更生運動の推進役であった小平権一は次のようにまとめている。

大正年間は僅か十五年間であつたが、我が農業界に於ける諸問題は此の短き期間に於て陸続として勃発し、之に対する我が国の農業政策は明治時代に殆ど之を見ることが出来なかつた程新規の、又規模の大なる、且つ根本的の方策が引き続いて実施せられたのである。将来我が国に於ける農政史を論ずる者も、恐らくは農政史の一大紀元を此の大正時代に置くことと信ずる。又我が国の農村振興の問題も、大正時代程喧しかつたことは、恐らくは明治時代にも又徳川時代にもなかつたと言ひ得る。大正年間の当初に於ては彼の欧州大戦の勃発に因り、一時は農産物の価格、米穀、生糸等の大暴落を来し、之が調節の為めに朝野苦心を重ねた所である。然るに僅か三四年の後には米価の大暴騰を来し、之が救済の為めに国家民間共に之に全力を注いだ。而も彼の不祥事たる米騒動を惹起した。斯くの如きは今日に至るも其の記憶尚ほ新らしき次第である。更に又食糧供給の自給自足を図るが為めに、開墾助成法を制定して、耕地の拡張を図り、或は米穀法を施行して常平制度を復活せしめ、以つて米の数量市価の調節を図る等の政策は皆此の時代に行はれたるものである。又農村振興の徹底を期するが為めに農林省の独立を図りたるも此時代である。或は銀貨改鋳の益金を以つて農村振興資金を設置したるも此の時代である。或は畜産組合法を制定し、或は綿羊の奨励を為し、種羊場を新設し、或は自作農の創設事業を開始したるも此の時代である。併し我が農業界に於て、茲に特に高調せねばならぬ問題は、此の時代に於て台頭し来たつた地主小作の問題である。此の小作問題は明治時代に於ては全く経験しなかつた新たなる問題であつて、之が原因の一は農業経済の如何にあると雖も、其の根底に於ては思想問題の影響も或る程度に潜在して居ることを看過することは出来ない。斯くの如く重大なる農村問題の惹起したるは実にこの大正年間であつて、我が政史を論ずる者は当に此の大正時代に最も力を致し、将来の羅針盤としなくてはならない(3)

右の引用のなかにある小作問題に対し、政府は周知の如く、一九二四（大正一三）年一二月の小作調停法の施行や自作農創設維持事業を通じ、解決にあたろうとした。小作問題は農村の平和を乱すガン的な要素であり、「大正年間の農政問題として後世に最も特色を為すものは当に此の小作問題である(4)」と位置づけられるほどであった。この小作問題を含めて、明治末以後の新しい農村の変化、農村の要求に対応すべく、大正期の農村政策は、「恐らくは農政史の一大紀元を此の大正時代に置く」というほど、農政史上一つの画期をなしていた。なお、大正年間には町村の財政の窮乏が問題視されていたが、[5]以上のことは、近代以後の工業化と都市化、および帝国主義政策の推進から来る必然的結果でもあった。また「農村疲弊」、小作問題などの表面的な問題と同時に、農民の意識にも変化が生じていた。それは、第一に向都熱であり、第二に新しい思潮の流入であり、第三に経済意識の成長である。このような現実の農村社会と、それに対応する農村対策を前提としながら、近代日本は世界大恐慌に直面する。

この一九二九年の恐慌勃発以来、自由競争を基本とする従来の資本主義への信頼感が薄らいでいくなか、欧州列強は国内経済の混乱に伴い、経済ブロックの形成および内向きの政策を一層強めていくのである。自由貿易の祖国英国は、産業保護法、関税引き上げによって保護主義を強め、恐慌後の一九三二年には英帝国経済会議（オタワ会議）を契機[6]にブロック経済を強化した。米国も一九二二、三〇年に大幅な関税引き上げを行った。

このように世界的な困難の中で、日本が如何にして一等国としての地位を維持していくのかをめぐって、日本の指導者は葛藤し、新しい道を模索した時期が昭和戦前期であったと思われる。言い換えると、前述の日本的価値台頭の可能性や国際的地位と現実との乖離という二つの要素を含みながら、第一次世界大戦後の世界三大強国の一つとしての地位を、どのように維持するのかという問題に直面したのである。

以上のような新段階に直面した昭和戦前期において、日本の国際的地位を維持しようとした国家官僚は、日本国民に何を要求したのか、また国民をどのような方向に導いていこうとしたのか、それに対し、地方村落社会は、どのような村落秩序のもとに、またどのような意識のもとに、どのような理由で協力、反発しながら対応していくのかを明らかにすることが本書の目的である。これはいうならば、地方村落社会はどの程度まで帝国主義戦争下の国家政策を支える社会基盤になり得たのかを検討することである。この課題をもっと明確にするために、既存の代表的な研究を検討してみよう。

二　研究史の検討と本稿の課題

既存の村落社会を対象とした研究を俯瞰してみると、昭和戦前期の国民支配を、ファシズム形成の問題に一方的に引きつけた議論がなされてきたように思われる。つまり、ファシズム的再編成論ともいうべきものであり、代表的な研究には石田雄氏と森武麿氏の説がある。

石田氏によれば、個々の生産単位としての家と、支配体制との媒介体をなす共同体秩序(下からの政治的エネルギーを「隣保共助」、および家的原理のからみあいによって非政治化し、これを体制的に吸い上げるという意味での天皇制体制の基盤)は、地主を頂点とする家格関係、および親方子方的擬制的家族関係という「家」的原理と隣保共助の原理との、たて・よこの糸で構成されている。したがって、個々の生産単位としての農民の家父長制的家は、小作としては親方筋である地主に従属し、他面で共同体成員としては共同体的な規制に服するだけでなく、まさにそのことを通じて地主の支配を受け、逆に言えば地主は、直接子方としての小作人を従属させるが、それを家族主義的温情で偽装しうるだけでなく、共同体的規制を借りることによって、農民にはよこからの圧力として意識させることができたと論じる(7)。

この共同体秩序と家との構造的連関は時がたつにつれ動揺し、その度に政府は再編政策をとっていく。そして昭和戦前期の農山漁村経済更生運動は、以前には成就しえなかった政策意図を、相当程度反映させることのできた再編成政策であったと石田氏はみている。大恐慌の打撃によって農村の秩序は全般的崩壊の危機に直面し、これに対して経済更生運動は、中堅自作農民という層の創出および運動の中核的担い手として彼らの位置づけを行いながら、産業組合ないしそれと一本化した形での共同体秩序への民衆統合という中堅自作農の役割があって初めて、家原理と共同体的秩序の再編が可能になったと論じた。

換言すれば、官僚は共同体の危機に際して、官僚的支配を強化し、産業組合によって農村を独占資本の下に再編していく。しかし、これは旧来の伝統的秩序の破壊によってではなく、その再編強化として展開されていったのである。したがって、日本におけるファシズムの組織は、「砂の如き大衆」を強力に創出してそれをファシズム権力に統合するというのではなく、伝統的集団を官僚的支配によって統合するという形態をとったということになる。

これに対して、森武麿氏は、石田氏の説を静態的な共同体的秩序の再編・強化論として批判し、一九三〇年代の経済経済更生運動を日本ファシズムの社会的基盤・生産力基盤との関連から検討し、日本ファシズムの農村支配の原型として把握した(8)。森氏によると、更生運動の目的は、従来の村落共同体支配＝区長という地主的支配を排除し、国家独占資本による農村支配を実現しようとするところにあった。更生運動は、地主制と対決してきた自小作上層および自作層(農村中堅人物と呼ぶ)を担い手とし、村落を国家—産業組合—農事実行組合というルートを通して直接に把握しようとするものであった。この再編政策とともに、農村支配構造が、旧来の地主的名望家秩序から中農主導型に変わっていくとしている。

本書の課題と関連して、両者の説から次のことが指摘できる。

第一に、両者とも農村経済更生運動における農村中間層、産業組合などの要素を重視しながら、結論は正反対になっている点である。つまり、石田氏が中堅自作農の設定によって、地主を頂点にした共同体秩序が補強されるとしたのに対し、森氏は自小作上層および自作層を中核的担い手として、旧来の地主的村落共同体を打破し、中農主導型の新しい村落秩序を建設していくとみている。一九三〇年代の村落共同体に対する正反対の説明が、同じファシズムの基盤という用語でなされていることに、ファシズム論の懐の深さを感じさせるとともに、ファシズム形成の問題に一方的に引きつけて論じているように思われる。

そもそも、ファシズムの「反資本主義」的煽動に、最も敏感な反応を示した社会階層が中間層であることは、しばしば指摘されている。一般に中間層がファシズムの社会的基盤とされる所以である。中間的諸階層は、階級闘争によって自己の利害を貫くには、あまりにも弱体で分散的な存在であった。そこで、自分たちの社会の中堅としての地位を、強力な国家に保護されたいとの期待がふくらむのである。強力な国家による独占資本の抑制、安寧と秩序といったファシズムのイデオロギーは、中間層の心情を強く吸引したのである。ただし、中間層といっても、その存在形態は多様であり、日本においてはファッショ化の支持基盤は旧中間層（中小・零細商工業者など小ブルジョアや、自作・自小作上層など農村中間層）的色彩が強かったといわざるをえない。

石田、森氏の両者ともにみられるような農村中間層の強調は、このような認識を前提としてのことのようにもみえる。しかし、担い手としての中間層あるいは中堅人物に注目し、それらが果たした役割を強調しながらも、その肝心の中間層あるいは中堅人物といわれた人々の個々の社会的政治的役割が明確になっていないと思われる。

以上の第一の問題と関連して、本書では、まず昭和戦前期の共同体秩序、あるいは村政運営というものはどのようなものであったか、また日本近代の中で、どのように位置づけられるかということを検討する。この問題については、第一章で示されているように、石田氏や森氏の見解を含め様々な議論がある。この議論の行きつくところは、村落有力者の支配力や階層の変化の問題であると思われる。したがって、本書では村政運営における村落有力者の支配力や階層の問題を考察し、これに基づいて昭和戦前期の村落有力者・中堅人物の村落社会における役割を追求する。

第二に、官僚支配の強化という点である。これについては両者の理解に共通点がある。伝統的共同体秩序の補強とみるか、中農主導型の新しい村落秩序（旧来の地主的村落共同体の打破）の建設とみるかはともかくとして、それを成し遂げていく官僚支配の強さにおいては一致している。なお、森氏がファシズム的再編としている所以は、地主・小作関係の隠蔽・封殺と経済組織への官僚統制の強化にあった。氏は農家実行組合は共同作業・共同利用など生産統制、離農統制のための官僚的強制機構に転化し、また「生産の共同体」からの違反者は拒絶されるなど強制的同質化を推し進めるファショ的支配機構に変質したとみる(9)。この強力な官僚支配を描いたものに、須崎慎一氏の研究がある(10)。須崎氏は、新潟県五十沢村役場文書や長野県下伊那郡の地主の日記を主に用いながら、戦争後期の食糧増産、供出、貯蓄増強、食糧難などをとりあげる。そして、戦前日本のファッショ的支配―強制的同質化のすさまじい現実を告発して民衆に対する支配の「強制」、「収奪」の実態を強調した。

思うに、日本では明治維新以後の近代国家を絶対主義国家、また一九三〇年代を天皇制ファシズムとしてとらえる研究が主流になっている。そのため、家の専制性、強権性、すなわち国民に対する収奪や支配をあまりに強調しすぎ、地方村落社会は、国家によって一方的かつ強制的に同質化されていく客体としてみる傾向が強かったものと思われる。東アジア世界秩序のなかでの一つの国にすぎなかった日本が、明治維新以後わずか数十年で世界の一等国になったという自負心をもつ人間を輩出するに至るには、国家による国民への強い指導と要求があったことは想像にかたくない。しかしこれを「強制」のみをもって理解することには無理があるだろう。また、逆に韓国側の一般的なイメージである、天皇を頂点に国家と国民が一致団結して帝国主義戦争を遂行していく「天皇を頂く一君万民」の社会でもなかっただろう。

むろん日本の研究者が強制のみを強調しているのではない。安田常雄氏は、戦争体制をうちに矛盾を含みながらも、それを支えた民衆の生活意識における戦争体制受容の一断面を追求している(11)。例えば、労力の不足によって発生した、矛盾を含んだ労力奉仕にたいし、農民は「ガキ役」という自己納得の論理を見出して円滑化させる。また、物資不足による生活窮乏も、「原始」的生活への回帰と積極的に意味付けをし、自己納得したとされる。ここでは、国家権力ではなく、民衆の姿勢が問題にされる。矛盾はあっても、結局時代状況に追われて自己納得していく彼らの受動的姿勢が示されている。つまり、民衆の戦争対応には消極的意味しか与えていないのである。

これに対し、板垣邦子氏は、農村振興運動の観点から、農民みずからが戦時政策に積極的、能動的に協力していく姿を、山形県の農本主義的農村指導者を対象にして淡々と描いた。そこでは、農民をして食糧増産政策などの戦時政策への積極的協力をなさしめた背景に、戦時革新への大きな期待があったとされる。[12] このように見てくると、国家権力の規定の問題から、日常生活の次元で民衆が戦時体制を受け入れていく過程へと、研究上の関心対象が拡大したことがわかる。いうならば「強制」とそれへの「対抗」という軸から、「受容」へと関心が広がったのである。しかし、筆者には、安田常雄氏のいうように、農民が戦時下の時代状況に追われ、自己納得していくだけの受動的姿勢に徹していたとは思われない。また板垣氏のように、戦時期の食糧増産政策への協力を戦時革新への期待にのみ求めることは、一面的であろう。強い要求を伴う国家政策のため、農民がその期待を裏切られ、農村振興運動について農民が望む方向とは反対の現象が起こるという側面が捨象されているように思われる。

以上のことは、国家目標に基づいた能率性、合理性と画一性を基盤にしている官僚の政策と、支配の客体のみではなく農家経営や生活文化の向上を希求する立場に立つ村落社会の農民自身との関係にかかわる問題である。この問題に接近するため、本書ではさらに、昭和戦前期の村落社会の論理を、農村生活文化を示す農民の意識と、農民の生存基盤である農業経営を通して、把握することが必要となってくるだろう。そのため、中堅人物・村落有力者を軸にして、それらを究明し、それによって、中堅人物・村落有力者と村落と国家との関係を究明していく。これを通じて、中堅人物の村落社会での役割や支配の実態、また国策施行の媒介者としての実態が明らかになると思われる。

ところで、農民意識と関連して、本書が注目するのはは反西洋文明的、自民族中心的な価値観と農民意識との関係である。それについては、まず、時代背景との関係を指摘しておきたい。昭和戦前期には反西洋文明的、自民族中心的な価値観が強かったとよく指摘されている。「外来的」として自由主義・個人主義が攻撃され、協同・滅私奉公・国家・民族が優先的価値とされ、同じく「外来的」だとして資本主義・議会主義が攻撃され、統制経済・政党政治否認・議会制度改革が叫ばれた時期であった。近代を「文明」と「伝統」という軸で捉えたとき、昭和戦前期には性急な西洋文明受容に対する反動が強く、反西洋文明的、自民族中心主義的な価値を唱えることによって、民族の誇りと自尊心を求めがちな時期であったと思われる。救国と国権伸長の精神に満ちた東アジアの近代の中でも、その傾向は韓国や中国の近代史上においては見られない現象であった。

この反西洋文明的、自民族中心主義的な価値は、農村でいうならば農本主義であるが、資本主義経済、近代化の波に接してきた農村社会に「農本主義」がどのような形で受け入れられ、どのような役割をしたのか、またどの程度浸透できたのか、という視点から分析する。言い換えれば、反西洋文明的、自民族中心的な価値が国際的地位とかけ離れた現実の世界でどのように定着し、どのような役割をなしていくのか、これを課題にするのである。

研究史を検討しながら、本書の課題を述べてきたが、それを整理してみよう。

まず、新段階に直面した昭和戦前期において、日本の国際的地位を維持するため、国家官僚は、日本国民に何を要求しようとしたのかという意図と、その政策のなかでの地方村落社会の対応や動向を探ることである。そして、村落社会の動向を探るため、第一に、村政運営における村落有力者の支配力や階層の変化の問題を扱う。それによって、昭和戦前期の村落秩序を歴史的に位置づける。第二に、昭和戦前期のいわゆる「中堅人物」である村落有力者を軸に農民意識と農業経営のあり方を探り、村落社会の論理を追求する。第三に「中堅人物」の村落内の活動および役割を検討することによって、「中堅人物」・村落有力者と村落および国家との関係を究明していくことにする。

注

(1) 山本悌二郎「我等の責任は重大」(『政友』三二九号、一九二八年五月)。右翼でもなく、現実認識にすぐれた政治家のなかにもそのような認識を持った人がいたことをあらわすために引用した。高見之通「非常時克服と信念」（『政友』四一四号、一九三五年）でも同じ認識が確認されよう。

（2）大川竹雄「農本日本にかへれ」『国民運動』三五号、一九四二年。
（3）小平権一「大正年間の農政沿革」『斯民』二三—四号、一九二八年。
（4）同右。
（5）大正期の農政をめぐる政治過程については、宮崎隆次「大正デモクラシー期の農村と政党（一）、（二）、（三）」『国家学会雑誌』九三—七・八、九三—九・一〇、九三—一一・一二号、一九八〇年。
（6）上山和雄編『対立と妥協—一九三〇年代の日米通商関係—』第一法規出版、一九九四年。
（7）石田雄『近代日本政治構造の研究』未来社、一九五六年。
（8）森武磨『歴史学研究』別冊特集、一九七一年。
（9）森武磨「農村の危機の進行」『講座日本歴史　一〇』一九八五年。
（10）須崎慎一「戦時下の民衆」『体系日本現代史　三』一九七九年
（11）安田常雄「戦中期民衆史の一断面」『年報近代日本研究五　昭和の社会運動』一九八三年。
（12）板垣邦子「戦前・戦中期における農村振興運動」『年報近代日本研究四　太平洋戦争』一九八二年。

第一章　昭和戦前期における村落有力者の階層と支配

―明治・大正期との比較から―

第一節　名望家・名望家秩序論の検討

近代日本の地方支配体制は、国家が地方名望家に依拠してなされた支配体制であったといわれている。身分制的構造を持つ前近代社会が、近代社会へ移行する際、官僚制的行政が全面的に展開できない以上、財産、家柄、指導力のある「名望家」に依存しながら地方行政を運営していく体制をとったというものである。

この近代日本の名望家を対象とした研究史をみると、その内容は、第一に名望家のかかわる国家の地方政策の意図と実態、第二にそれとズレのあった地方名望家の実態、この二つに要約されると思われる。さらに名望家の実態問題は、名望家の地方社会での支配力の程度、支配力の基盤（権威の基盤）、国家政策への対応および名望家の階層問題、名望家秩序の変貌などの問題に集約されよう。まず、本章の研究目的を述べる前に、名望家あるいは名望家秩序を扱った代表的な研究を通じ、研究史を検討することとする。

山中永之佑氏(1)は、地方名望家支配体制の問題を官僚支配の側面からとらえている。氏は、戦前日本の町村支配が国家による地方名望家に依拠した人民支配の体制であると規定し、その支配体制が一応確立するのは、一八九〇年郡制の制定であるとする。これによって、郡レベルの名望家が、郡会や郡参事会を通じて郡政—町村行政に参与することになり、郡長による官僚的統治と郡レベルの名望家—町村レベルの名望家を結合する支配方式が形成されるとする。もちろん名望家に依拠する理由は、郡あるいは町村における名望家の支配力やリーダーシップの利用にあった。

しかし、政府の政策意図どおりに名望家支配体制が安定しなかった理由は、名誉職制度の矛盾、党派の紛擾および名望家と小農民や一般農民との関係（名望家は一般農民と基本的には対立する階級に属する人々、あるいは、そのような階級へと成長していく過程にある人々であった）にあった。だから名望家支配体制が動揺するたびに、政府はより下層の階層を制度的担い手として町村行政に参加させて名望家支配体制を維持・強化していこうするのである。

名望家支配体制が動揺するたびに行われる官僚の政策が、なぜ名望家支配体制を補完・強化するものなのかが山中氏の論考では明確ではないことはともかくとして、氏が少なくとも地方改良運動以前の村落の秩序については、大地主・寄生地主＝地方名望家を頂点とした地主的支配秩序とみており、したがって、町村支配の権威者として名望家を位置付け、政府が彼らを掌握していったとする点は注目に値する。また氏は名望家の階層については、名望家という言葉にふさわしいのは松方デフレ政策以前の豪農層であり、それ以後は本来的な意味での名望家は存在しないとして、新名望家という言葉を使っている。そして政府資料の曖昧な言葉をもとにし、名望家の階層を大寄生地主を頂点に在町村の中小地主・手作地主までとみる。これは中村政則氏(2)が同じく政府資料に基づきながら名望家を自作上層までとみていることとは異なる。

筒井正夫氏(3)は、国家による名望家層を介した地域支配のあり方、並びに名望家層による中下層に対する合意による支配のあり方を名望家支配と呼び、国家と地方名望家層と中下層民衆の三者間の関係を軸として分析する。氏は合意による支配の側面を強調する。つまり名望家は、何らかの社会的行為によって民衆から尊敬と名望を勝ち得て存在し、支配の正当性を得るものとみているのである。したがって、三者間の関係の中でも名望家の機能的役割に焦点を当てている。ここでいう名望家は官僚側が意図した名望家の概念ではなく、実際の地域社会の実体的名望家を意味するものである。

そして、名望家支配が成立する時期を日清・日露戦後期とみる。自生的近代化を志向する名望家層と伝統的民衆世界は明治政府の近代化政策と対立的側面を持っていたが、日清・日露戦後期の経済・社会変動を通して国家が唱道する軍拡と増税を伴った上からの近代化路線は、かつて民権家であり今や寄生地主や商工業ブルジョアジーに成り上がった名望家層に受け入れられ、彼らおよびそれに従属する在村地主や自作上層によって末端の伝統的民衆世界まで浸透せしめられていったという。地域支配者層は、議会・政党を通じた地域利益の獲得・分配と、国家諸機関・諸団体による国民の諸側面にわたる組織化を通じて「地域公共の利益」「国民の福利」に貢献する姿を示し、もって自らの名望を再生産し、支配の正当性を中下層民に指し示して中下層民の合意による支配のあり方を成立させたとする。また、名望家層については明確ではないが寄生地主、商工業ブルジョアジーとみ、また在地の在村地主や自作上層は彼らに従属したものであるとする。

以上が時期的に明治期を扱っているのに対し、昭和戦前期の村落秩序については、森武麿氏の考察以後に、再び注目されてきた。

ファシズム的再編成論といえる森氏の見解(4)は、一九三〇年代の経済更生運動を日本ファシズムの農村支配の原型として把握したところに特徴がある。氏によると、更生運動の目的は、従来の部落共同体支配＝区長という地主的支配を排除し、国家独占資本による農村支配を実現しようとするところにあった。つまり、更生運動は地主制と対決してきた自小作の上層および自作層（農村中堅人物と呼ぶ）を担い手とし、部落を国家―産業組合―農事実行組合というルートを通して直接に把握しようとするものであり、この再編政策とともに農村支配構造が旧来の地主的名望家秩序から中農主導型に変わっていくとされる。そして氏は、中農主導型への変化の根拠として村政担い手の階層分析を行っているが、旧来の地主的秩序がいかなるものかを説明していないので、新支配様式によって何が変わったのかが明確とはいえない。確かに更生運動によって農村の組織化がはかられた。が、中農が村政へ進出したり、産業組合などが組織化されることによって村政運営の何が変わったのかが問われるべきであろう。

また、一方においては、一九二〇年代の地方秩序の変化、あるいは一九二〇年代と一九三〇年代における地方秩序の連続性を強調する研究傾向がある。雨宮昭一氏[5]、伊藤之雄氏[6]は普通選挙実施の前後に数多く登場する自発的青年団体を分析対象にすることにより、反ないし非既成政党的志向を持つ中間層青年（従来の名望家に属していなかった自小作・小作を含む）を基盤とした青年団体の活動によって、従来の名望家秩序が変容されるとする。さらに既成政党は、このような青年団体を吸収することによって、それまでの名望家政党という性格から大衆性をもつ政党へと変身したという。ここでも役職に中間層が登場してくることなどが根拠として取り上げられているが、旧来の名望家秩序がどのようなものなのかが明確ではない。

大門正克氏[7]は、明治期の町村制を契機に形成され、日清・日露戦争期に骨格が整った近代日本農村社会の特徴を、家父長制的「いえ」秩序と地主的秩序（「むら―秩序」）、および近代的公共性ととらえる。名望家秩序は、この「むら」と「いえ」の二つの要素によって成り立っており、公民のトップグループに属する有力者である名望家の多くは地主によって代表されたとし、名望家秩序と地主的秩序を比例関係としてみる。ところが、一九二〇年代に農民運動に代表される「下層のデモクラシー」や「青年のデモクラシー」などにより、明治的な「むら」と「いえ」の秩序が変貌していくとし、この変化は一九三〇年代は無論、戦後にもつながるとする。氏の特徴は農村社会において階級関係のみならず、家族や世代間の問題も重要視している点である。が、当時の家族や世代間の変化の内容を大きく強調していることはともかく、その変化と村政運営の変化との関係が余り明確でないように思われる。

以上の研究史の動向を大まかに述べれば、日本農村における明治以後の変化の側面を強調する傾向にあるといえよう。それも段階的変化を重要視し、明治期あるいは地方改良運動期、もしくは一九二〇年代、一九三〇年代を各々始点として分析しているため、その前後の時期との比較が明確ではないように思われる。また多くの研究が概念規定なしに名望家秩序という言葉を使うことからもわかるように、名望家秩序概念が曖昧である。

それらは、山中氏のいうように町村レベルにおいては大地主を頂点とした地主制によって村政運営が行われる秩序を想定しているかのようにみられる。そしてそのひとつの根拠として、役職分析が使われている。さらに、名望家秩序の変容の根拠としても農村社会の担い手の平準化傾向、つまり役職にどの階層・世代が登場するのか、を中心に分析している。しかし、役職に誰が登場するのかは地方秩序の外皮的な面にすぎないものであり、実際の町村政運営の変化などその内面的実体をあらわすものではない。以上の指摘は、今まで数多くの研究があったにもかかわらず明確ではなかった名望家の支配力や、町村運営の担い手における変化の程度の問題にかかわるものと思われる。

したがって、本章は群馬県新田郡の農村の事例分析を通して、一九三〇年代の農村における村政の担い手、および彼らの支配力の程度について、明治・大正期との比較を試みることを目的とする。これは昭和戦前期の村落社会の動向を、村落有力者・中堅人物を軸にして探ることを目標とする本書の前提作業でもある。方法的には、村レベルに限定し、まず第一に、村政の担い手の階層分析をおこなう。一八八八年の町村制公布（施行は一八八九年）以降から敗戦にいたるまでにわたって、村長・村会議員・区長・区長代理の階層分析を比較検討したうえで、いわゆるファシズム時代の村政担い手の性格を明確にする。第二に、役職の選出過程および小学校問題など村政運営の実体を若干考察することによって、ファシズム期の村政が特定の層によって担われた意義を明らかにする。

なお、名望家層という概念は、官僚側からみる場合と在地に即してみる場合、あるいは史料の解釈によってその内容を異にしており、とくに「層」といっても研究者によって、その「層」に含まれる階層が異なっているし、さらに「名望家層」といえるほどの同類意識、同一利害などの要素を共有していたのかも疑問であるため、ここでは名望家という言葉は使わず、町村運営に実際に参加し、影響を及ぼす個人を有力者と呼ぶ。

第二節　村政の担い手

本章の分析対象地は群馬県新田郡綿打村（現新田町）と笠懸村（現笠懸町）である。綿打村は新田郡の南側の平野に位置する村で、一九三三（昭和八）年の土地構成をみると、田四六一町（三二・七％）、畑二二六町（一六％）、桑園三六五町（二六％）、山林三五〇町（二四・九％）、原野六町（〇・四％）である。農産物およびその他生産物を価格換算し、その総価格中に占める割合を示すと、米（三三％）、麦（六％）、その他食用農産物（一五％）、養蚕（三一％）、畜産物（六％）、林産物（四％）、副業（二％）、雑収入（三％）である(8)。土地構成の中で桑園が占める割合は高く、養蚕収入も三〇％以上という養蚕型の村であり、零細な小作農も養蚕などにより生活を維持できた。一九一五年の養蚕戸数は五一〇戸と、全戸数の六五％（全農家の七二％）に達している(9)。また、一〇～二〇町歩所有地主を最高有産者としており(10)、小作争議は発生しなかった村である。

笠懸村は新田郡の北側に位置する地域で、一九三五年の土地の構成を見ると、田一四三町（八％）、畑五二五町（二九％）、桑園三二三町（一八％）、山林六六三町（三七％）、原野二〇町（一・一％）、池沼二六町（一・五％）、宅地九四町（五・四％）で構成されている(11)。また、農産物価格の割合をみると、養蚕が四二％を占めており、養蚕戸数が村内の専業農家の七〇％程度を占めている(12)。綿打村と同様に養蚕業が高度に展開していることを示している。笠懸村は、一九二八年に旧村阿左美の一四名によって他村居住の不在地主に対し、小作調停申立が行われたこともあったが(13)、村内の階級対立はそれ程表面に出たことがなく、小作組合の記録もない地域であった。

表1　綿打村自作・自小作・小作別農家戸数

（単位：戸）

年度	自作農	自小作農	小作農	合計	備考
1914	154	291	254	699	
1915	153	297	256	706	ほか商業75戸
1916	153	311	258	722	ほか商業76戸
1917	152	317	266	736	
1919	151	319	278	747	
1924	162	272	348	782	
1928	223	338	315	876	
1933	181	399	290	870	
1943	205	427	292	924	ほか商業55戸、その他26戸

注：自作農は純自作農と地主の合計。
出典：各年度「綿打村議事録」より作成。

表2　所有規模別農家戸数

（単位：戸）

年度	所有面積10町以上	5町以上	3町以上	1町以上	5反以上	5反未満	合計
1914	7	17	33	136	68	180	411
1921	8	13	35	151	78	211	496
1924	4	9	31	180	89	270	583
1928	4	9	28	180	90	280	591
1933	10	15	28	175	145	207	580

出典：各年度「綿打村議事録」。

一　村会議員の階層分布

ここでは、村会議員の階層を日本における地方制度の確立の原点である一八八八（明治二一）年の町村制公布から敗戦までの期間にわたって考察することとする。

まず、制度的に見ると、一八八八年の町村制では、地租または直接国税二円以上納入者に限られると定めたので、制度的に小作農はもちろん自小作農の多くも選挙権と被選挙権を持つことができなかった。[14]しかも選挙は等級選挙制であった。綿打村の一九一五年の村議有権者の数は四八七人（戸主）で、地主・自作農（一五三人）、自小作農（二九七人）および商業を営んでいる戸主で構成されていた。[15]この初期の選挙制度は一九二一年に改訂されて、直接町村税を納入する戸主にまで、選挙権が拡大された。したがって、町村税を納入できる小作農も選挙権を持つことができた。そして、一九二六年には二五歳以上の男性に選挙権を付与する普通選挙制度が成立し、等級選挙制が廃止された。〈表3〉は各年次の村議選挙の当選者の人数を、一八八九年、一九〇〇年、一九一三年の戸数割等級表の等級別に示した表である。

戸数割は、府県税の付加金としての町村税であるが、綿打村では地租納税額の多少、つまり所有土地の大きさによって等級が決定されたとされる。[16]しかし、現在残っている綿打村の行政文書では戸数割等級表の等級別にどの程度の所有地面積が該当するのかを正確に知りうる史料はない。しかし、〈表2〉の農家構成からすると、自作農（地主＋自作農）の割合が二〇～二五％であり、大部分は二一％あるいは二二％であることから、一八八八年の戸数割等級表の場合には一一等級（全体農家戸数の二四％）までを地主＋自作農の境界線として推定しても無理はないだろう。同じように、一九〇〇年等級表では、一二等級までを、一九一三（大正二年）等級表では一六等級（全体農家戸数の二三％）までを自作農の境界線としてみることができよう。

表3　綿打村村会議員の階層分布（1889〜1917年）

（単位：戸）

等級	1889年戸数	1889	1892	1895	1900年戸数	1898	1901	1904	1907	1913年戸数	1910	1913	1917
優等										2		1	
1	1				2				1	2	1	1	1
2	2				1					3	1	1	1
3	5			1	6	1	2	2	1	3			1
4	3				3					4	1	2	1
5	3	1			7			1	2	12	2	1	3
6	3	1			5					7	1	1	
7	9	2	2	1	20	4	3	2	2	9	1	1	2
8	30	3	3	4	21	1	2	3	2	7			
9	30	4	4	4	30	4	3	3	2	12	3	2	1
10	22				22		1	1	1	14			1
11	32		2	2	23					9	1	2	2
12	19				21	1	1			14		1	1
13	19				30					18			
14	31	1	1		23					14			1
15	31				28					18			
16	30								1	23			1
17	42									20			
18	35									33			
19	45									31	1		2
20	30									37			
21	36									31			
22	37									43			
23	76				65					38			
以下	12				26					332			
合計	583									736			

注：戸数割は、府県税の付加金としての町村税であるが、綿打村では地租納税額の多少、つまり所有土地の大きさによって等級が決定されたとされる。しかし、現在残っている綿打村の行政文書では戸数等級表の等級別にどの程度の所有地面積が該当するのかを正確に知ることはできない。

出典：『明治二十二年度地方税町村税賦課綿打村戸数等級表』、『明治三十三年度地方税戸数割等級表』、『大正二年度県税戸数割等級表』、各年度『綿打村議事録』による。

では、〈表3〉にみえる一八八九、一八九二、一八九五年の村会議員の選挙において多くの割合を示した七、八、九等級（一八八九年等級表基準）に属する村議はどんな階層なのか。〈表2〉からわかるように、一九一四年以後、三町以上の耕地所有者が五〇戸を越えない事実から、一八八九年の八等級（累積戸数は五六）までを三町以上、九〜一一等級を一町〜三町所有の自作農、小地主層としてよいだろう。また、一九一四年には五町以上が二四戸、一九年には二一戸という点から推定して、七等級（七等級までの累積戸数は二六戸）が五町以上と三〜五町の耕地所有層の境界線であったと推定されよう。したがって、一八八九〜一八九八年までの村議階層は自作農と自作地主層が中心となって、五町以上の所有地主および自小作上層（一四等級）が含まれていたとみられる。

以上のような現象は、一八九八、一九〇一、一九〇四、一九〇七年に選出された村議の場合にもみえる。一九〇〇年等級表を基準としてみるとき、この時期の村議は七、八、九等級に集中している。八等級は三〜五町、九〜一一等級は一〜三町の所有階層としてみると、村議階層は同じように自作農、自作地主層を中心に自小作（一六等級）と五町以上の地主層を含んでいる。一九一〇、一九一三、一九一七年の選出における村議階層の等級別を調べても、以前と同じ傾向が見られる。

ところで、綿打村でも一九二三年以後戸数割の賦課基準をそれまでの地租額の多少に従う基準から、資産状況（田畑の耕地所有規模）および宅地の広さ、所得額を基準とするものに変えて、賦課額を決定している[17]。したがって、以前のような等級別に同一賦課額にはならず、賦課額は個々人によって異なることになった。〈表4〉は、賦課額が多い者を一番として、一九二三年の戸数割賦課対象者九〇〇人、一九三九年の戸数割賦課対象者九四六人の中に、村議がどこに位置しているかを表わしたものである。ただし、各年度の賦課順位を知りうる資料が欠落しているため、一九二一年、一九二五年、一九二九年に選出された村議の賦課順番は一九二三年の賦課表によるものであり、一九三三年、一九三七年、一九四二年の選挙で選出された村議の賦課順番は一九三九年の賦課表によるものである。

表4　綿打村村会議員階層分布（1921～1945年）

年度 (順位)	1921年	1925年	1929年	1933年	1937年	1942年
	2,	2,	5(※※)10	6	6,7	6,7
	14,18	14,18	11,12(※※)	11,12,13	11,12	14
		29	21	24		20
	35	31		31,33	31	37
～100	40		45(※)		45,47	42
	57	57,59	55,59			
	69			65	65	61,65
	75,78	75,79	75	75(※)		73
				83		
						94
	103,105	103,107	105,107	110	110	
	117	117	117			
		137			137	137
				147	149	
200				158		150
					167	
			175(※※)	175	175	172
	183					
	197		193			
	204	204				201
					237	237,238
			241	241(※)		
300	267	267				
	283	283			282	
				290		
						319
				349(※)		
400	365	365		363	360,363	
			396(※※※)			
			419			
500		444				
600						
700						
800						
900				946		

注：※は1913年度の、※※は1939年度の、※※※は1941年度の順位である。

出典：村会議員の名簿は、各年度『綿打村議事録』、『大正十二年度県税戸数割賦課表』、『昭和十四年度村税特別戸数割賦課表』より作成。

ここで注意すべきことは、一九二三年以後、賦課基準が耕地の所有規模のみならず実質所得額をその基準としているため、小作農でも経営のあり方によって所得額が増加し、賦課額と賦課順番が高くなるということである。すなわち、賦課額の順番と耕地所有規模とは一致しない。しかし〈表4〉からみてとれるのは、一九二一年の順位三六五番の村議は九〇〇人中、上から四〇・六%に属する。三七年の順位三六三番は九四六人中、上から三八・四%に属する。これは最初の村議選挙の一八八九年における一四等級に属する村議が上から三五・六%、一九一〇年の一九等級の村議は上から三四・六%に属していたことと比べると、ほとんど変わりのない現象であるといっていいだろう。

ただ、この枠から越えるものとして一九二五年の四四四番、二九年の四一九番（一九二三年賦課表基準）の村議が注目される。四四四番の萩原平次郎は、小作農としてではあったが、農家経営能力で村落内の中間層までのぼったものである。四一九番の今井平蔵は、自小作農として在住の第六区の戸数割賦課戸数一五戸の内八番の順位である。第六区は小地主あるいは自作農の二戸を最高有産者とし、残りは自小作以下という特徴があり[18]、第六区の中間層として今井は二三年に区長代理、二七～三三年には区長を務めていた。また、第二区で三三年、三七年の二期連続して村議に当選した三六三番の自小作農加藤酉市は、二三年には賦課順番六五七番であったが、農家経営能力によって自小作上層に成長していくもので、その経営能力が村民に認められて村議にまで選出されている[19]。このようなことから見るとき、決して、財産の規模が村議選定の決定的な要素にはなっていなかったことは明らかである。（注に添付した「綿打村行政区別県税戸数割賦価額の順位と略歴」を参照）。

さらに、ともすれば、このような小作農の出身が村議に選出された事例を挙げて、既存の村政の運営・秩序や、部落の運営・秩序が変容してきたと判断されがちであるが、それは早計である。綿打村は小作争議など階層間の対立がなかった地域であり[20]、そのような面で安定的な地域といえた。普通選挙が採用された一九二五年の選挙で当選した地主・小作農出身の村議の中で地主団体や日本農民組合などの小作組合を背景にして当選した者もいなかった。また「多数小作人の当選を見たる結果之か村治上及小作問題に及ぼしたる影響、更になし[21]」という村長の報告から読みとられるように、小作農出身の村議の進出によってそれまでの村政運営方式に変化が起きたと思えない[22]。

なお、一九二〇年代以後、中農出身の村議の割合が以前より少し増えてきたという事実は、まず、村議の定員が一九一七年以降、一二人から一八人に増えてきた点、第二に、一九二一年において村議選挙権と被選挙権が直接町村税を納入していた小作層にまで拡大された点、第三に、一九二五年以降から選挙が普通選挙制へと変わってゆくという制度上の規定をも考慮すべきである。

綿打村では、通説的に日本ファシズムの農村支配の原型と見なされている経済更生運動が一九三二年に始まる。同年に経済更生指定村、一九三六年には特別経済更生指定村となった[23]。綿打村の一九三〇年代の村議の階層は、一九二〇年代はむろんそれ以前の傾向ともほとんどかわりがない。選挙年毎に割合において僅差はあるが、自小作層が村議に登場してくるのは町村制施行の初期頃からであるという事実も確認された。換言すれば、いわゆるファシズム時代の村議の階層分布は、それ以前からの村議の階層分布現象の延長線上に現れた結果であり、一九二〇年代の大正デモクラシーから、一九三〇年代のファシズム時代へ、という一般的に規定される特異な時代的産物ではない。また自小作層以下が村議に登場してくることで、既存の研究で強調されるように、村政の運営に変化をもたらしたとも言いにくいのである。

次は、笠懸村の村議の階層を調べることとする。笠懸村の村政の担い手に関する資料は散佚し、数少ない。確認できる限度内で調査してみると、まず、町村制施行後の一九〇四年に、自小作の小磯春太郎が自分の部落を代表して村議に登場してくるのが確認できる。

〈表5〉は確認ができる一九一三〜一九三七年までの村議の階層分布を示したものである。〈表5〉から、第一に笠懸村でも綿打村と同じように、自小作層以下もはやくから村政担当職に参与していたことが確認できる。一九一三年

表5 笠懸村村議議員の階層分布

年度 (順位)	1913年	1917年	1921年	1925年	1929年	1933年	1937年
100	2(3),4(8), 5(6),6(7), 8(3),9(8), 11(8),18(9) 56(8),60(4), 68(2)	1(7),2(3), 4(8),5(6), 6(7),9(8), 12(8),15(8), 23(8),26(4), 27(5),37(9) 60(4),68(2) 96(1)	1(7),4(8) 5(6),8(3) 9(8) 21(7),23(8) 27(5) 30(8)37(9), 44(5) 50(4),52(3) 60(4),68(2) 96(1)	1(7),4(8) 6(7),8(3) 27(5) 37(9) 50(4),52(3) 62(9) 74(4) 92(9),93(5)	1(7),6(7) 20(4),26(4) 27(5),33(8) 38(3) 43(9) 55(7) 62(9) 86(2) 93(5)	1(7),2(6) 5(5),7(8) 23(6),27(5) 38(3) 41(10) 62(9)	1(7),2(6) 5(5),6(7) 7(8) 23(6),27(5) 38(3) 87(4)
200	171(9)	113(3)	171(9)	171(9)	136(6)	147(10) 172(10)	147(10) 172(2)
300	207(5) 251(5)				230(8)	268(8)	268(8) 288(10)
400				305(2) 330(8)	330(8)		
500	437(1)			459(8)			
600					567(9)	528(10) 547(1)	547(1)
700						689(2)	689(2)
800	742(総戸数)			768(1)	768(1)		
900		819(総戸数)	917(総戸数)			1010(総戸数)	
備考	3名不明	3名不明		1名不明	1名不明	3名不明	3名不明

注:(　)の中の数字は行政区。

出典:1913、17、21、25、29年度選出村議の賦課順位は『大正十二年度県税戸数賦課表』、1933、37年度選出村議賦課順位は『昭和十四年度特別税戸数賦課表』、村議の名簿は各年度の『議事録』による。

当選者であり一九二三年戸数割賦課順位一七一番の高橋喜市は、八反三歩を経営する自小作農として、稲作改良に情熱をそそいだ篤農家である。彼は単位収穫量においては、当時まわりの人々が驚くほど著しい成果をあげ、品質の向上をも追求して、新田郡農会が催した品評会ではいつも優秀な成績をおさめたとされている。また、彼は一九一四年に自己の営農経験を著した『実験稲作法』という本を出版するとともに、周辺の人々にもそれを教えたりした。一九二一年には大日本農会から彼の努力と研究実績が高く評価され、名誉賞を贈られた(25)。このように、高橋は土地所有面では自小作にすぎないが、彼の情熱と能力が評価と信望を得て、三期にわたって村議を務めることになる(24)。

第二に、一三年より二五年、二九年、三七年の村議の階層にはより下降現象がみられる。それも行政区第一区と第二区でみられる。その理由を探ってみよう。まず、三三年、三七年連続当選の第二区の賦課順位六八九番の藤生五郎平は、二三年の賦課順位一五四番の自作農であり、第二区では九〇戸の内一二番につけていた上層であった。それが分家により、六八九番になったので実際には下降現象とはいえない。

次に、行政区一区（旧村阿左美村の中で北・櫻塚地域）における農家構成をみよう。一区は一九二三年を基準としてみると、六〇戸で構成されており、この地域における最高有産者の二人（笠懸村の賦課順位二五と三九番）は不在地主で、その下に小地主および自作農が七戸を構成しており、残りは五一戸（八四％）である。貧農が多い地域として、自小作石内龍太郎（一区内の賦課順位二四番）は一区内の中間上層に属していたものであった。二五、二九、三七年に当選した吉岡定吉（二三年の賦課順位七六八番、三九年の賦課順位七三三番）や三三、三七年に当選した市川義平（三九年の賦課順位五四七番）も、一区内では中間層に属しているものであった(26)。また、吉岡定吉は後述するように二四年の笠懸村の小学校合併問題で一区の総代として活躍し、区民から認められた者である。

二　区長・区長代理の階層

綿打村は一一の旧村から成立しており、旧村ごとに一つの行政区を設け、一九〇三（明治三六）年から区長および区長代理を選出している。区長の役割についてはよく知られているように、村政の伝達機関のみならず、部落内の諸活動を規律する権威のあるものという性格をもっている。つまり、官僚は部落長が自然に区長になる地域原理を利用して、部落内の秩序をそのまま行政的に利用しようとしたのである(27)。

綿打村の区長選出過程をみると、初期には村議会において選挙で選出されたが、一九一九（大正八）年から全一一区の区長を一括推薦して村議会で議決する方式に変わった(28)。しかし、これは形式上のことで、実際的には各部落が自治的慣例によって部落長を選出して、その人が区長になるという形態である。そして、区長たちは後になって村議に進出して村会で自分の部落を代表して活動するというのが一般的コースであった。

〈表6〉は一九〇三年の区長および区長代理の初選出時から敗戦までにわたって、彼らの階層を表わしたものである。この表から窺えるように、一九〇三年の初選出の区長および区長代理を一九〇〇年等級表によって調べると、耕地所有規模では一町以上五町以下に分布している自作農、自作地主層が主軸となり、それに自小作層に属する一四等級、一六等級および五町以上の地主上層が分布していることがわかる。これは村議の階層性とほぼ同じような傾向であるが、村議の階層分布より下降現象がみられる点が特徴的である。また、一一年から一七年まで任命された区長および区長代理を一九一三年等級表によって分類してみると、一等級～五等級（五町以上所有者）が一五人で延人員数五八人に対して二六％を示しており、六等級～九等級（三町～五町所有者）は一三人で二二％を、一〇等級～一六等級（一町以上所有の自作農と三町以下所有の地主層）は二二人で三八％、一七等級以下の自小作が八人で一四％を示している。これは一〇年から一七年に選出された村議の分布、つまり一等級～五等級が三七・五％、六等級～九等級は三七・五

表6　綿打村区長および区長代理の階層分析

	年度	行政区	1区	2区	3区	4区	5区	6区	7区	8区	9区	10区	11区
A	1903	区長	11	14	4	12	12	8	7	7	7	8	9
		区代	7	3	2	8	12	9	5	※3	5	16	10
B	1911	区長					11	13		17	5	11	7
		区代					5	12		抽選	3	18	7
	1912	区長	9		5				※7				
		区代	7		2				7				
	1913	区長					5	13			3	11	7
		区代					17	20		12	5	18	
	1914	区長	7		2	12							7
		区代	※165		5	5				3			※122
	1915	区長		15			5	20		16	3	11	
		区代		12			16	12			5	14	
	1916	区長	7	9	10				18				122
		区代	5	18	105				7				13
	1917	区長	10					12			21		12
		区代	13					13			18		287
C	1919	区長	84	53	573	57	35	154	188	222	21	39	12
		区代	111	61	52		85	183	31	110	18	14	
	1921	区長	126	53	573	161	44	134	10	5	21	39	117
		区代	111	61	52	72	1	221	31	222	18	14	287
	1923	区長	77	192	573	15	16	221	10	5	21	39	29
		区代	338	79	52	72	70	419	243	222	18	316	45
	1927	区長	217	166	52	44	16	419	10	337	106	316	29
		区代	361	240	9		69	224	262	223	220	159	45
	1929	区長	217	79	52	32	32	419	58	5	353	159	74
		区代	361	240	26	137	3	389	262	115	102	271	118
	1931	区長	352	240	69	174	32	419	262	115	353	159	174
		区代		54	20		3	389	58	5	102	56	118
D	1933	区長	352	27	20		32	154	262	115	327	56	78
		区代		198	69	136	3	133	61		102	333	149
	1935	区長	167	36	20	1	175		61		102	56	78
		区代	236	198	69	136		133	30	532	147	333	149
	1937	区長	167	36	20	136	175	133	30	532	102	56	78
		区代	236	198	69		3	99	95	260	147	133	149
	1939	区長	167	99	20	136	175	135	30	260	102	333	60
		区代	236	9	69		3		95	672	147	131	149
	1941	区長	167	99	20	136	3	135	95	672	102	333	60
		区代	236	9	69		128		96	4	147	131	149
	1943	区長	45	9			3	135	96	4	163	333	60
		区代			150	211	386		62	753	14	131	149

注:①Aは明治三三年の等級表、Bは大正一二年の等級表による等級を示し、Cは大正一二年賦課表、Dは昭和一四年賦課表による順位を示す。
②※をつけたものは他年度の等級表・賦課表による。

%、一〇等級～一六等級は三一%、一七等級以下が九%であったことと比べても下降現象が確認される。

さらに、初期の区長および区長代理の分布範囲が一九二〇年代、三〇年代、四〇年代にもほぼ同じであることも確認されよう（むしろ三〇年代、四〇年代は以前より、区長および区長代理において下層の人数が少し減少している）。この範囲外の人物としては、一九一九年の第三区長に任命された五七三番の窪田秀蔵があげられる。彼は自小作として一九年から二五年まで区長を三期、二七年には区長代理を歴任した。また、三〇年代後半から八区の運営者として五三二番、六七二番、七五二番が登場することも注目される。

八区の特徴をみると、二三年の戸数割賦課戸数二二戸は、一〇町以上所有の在地地主である片山栄作、片山伊蔵を頂点として構成されており、また自作農や自小作農の数が少なく、五五%程度が小作層を成している。町村制施行の初期には地主層と自作・自小作層が部落運営を担当してきたが、彼らが歳をとるにつれて、彼らの二世および中堅小作層が部落運営を担当することになった。

片山伊蔵（一九〇二年から三三年まで区長および区長代理を歴任）の長男で一八九九年生れの片山重郎（三九年の賦課順位四番）は、四一年区長代理に、四三年区長に任命され、七五三番の小作農の吉田守衛（三三年農事実行組合長）や、六七二番の小作農の清村健二郎と協力して部落のために活動していた[29]。この有産者と中下層との協力関係は、一九一二年の八区の区長代理に任命された八区内の最高有産家の代わりに区長代理として一七等級の若者吉田純太郎を推薦し[30]、彼に部落の区長代理の活動を委任したという事実にもみられる。このことは部落の運営のためには有産家の力だけでは不足し、自小作農や若くて活動的な人物を必要としたことを物語る。（注に添付の表を参照）。

以上の役職分析を通じていえることは、第一に役職に登場する理由として財産のみならず、部落階層構成上における特性や家柄の影響、世代交代、個人の営農能力、リーダーシップ、行政能力、パーソナリティなどが影響を及ぼしていたということである。自小作以下の層の登場が階層の対立あるいは意識の高まりのみの結果であるといえないことである。

第二に部落末端の役職ほど階層において下降現象が起こることである。村議より区長および区長代理の方に階層的下降現象があることは先に述べた。また綿打村や笠懸村長の階層が村の最上層部に属していたこと、また綿打村の三〇年代の農事実行組合長の階層分布[31]が区長より下降傾向にあったことから裏づけられる。つまり、自小作層以下が村議に登場してくることが、既存の研究で強調されるように、村政の運営に変化をもたらしたとは言いにくいのであり、実行組合長の階層分布から支配構造の再編を論じることに疑問が生じるのである。

第三に綿打村の一九三〇年代の村議や区長および区長代理の階層分布は、一九二〇年代はむろんそれ以前の傾向ともほとんどかわりがないことである。選挙の年ごとの割合においては差異はみえるが、自小作層が村議に登場してくるのは町村制施行の初期頃からであるという事実も確認した。換言すれば、いわゆるファシズム時代の村議の階層分布は、それ以前からの村議の階層分布現象の延長線上に現れた結果であり、一九二〇年代の大正デモクラシーから一九三〇年代のファシズム時代へ、という一般的に規定される特異な時代的産物ではない。もちろんこの現象は綿打村のみの特徴ではない。代表的な例を挙げれば、石川一三夫氏が提示した岐阜県上田村の村議階層の分析（一八八九～一九一二）[32]と、筒井正夫氏の長野県五加村村政支配者の分析（一八八九～一九〇四）からも[33]、町村制施行の初期段階で自小作層を含んだ村議や村内支配者層が形成されていたことがわかる。

すなわち、ファシズム時代といわれる一九三〇年代の村政担当者の階層構成は、町村制施行の初期から現れた階層構成の延長線上におかれた現象にすぎない。石川一三夫氏が述べたように、一〇町以上の大地主が一％も越えない日本の村落構造の特性からみると、戸数三〇〇戸程度の村落でいろいろな役職をになうためには、部落別、輪番制、世代交代を考えあわせると、最低限五〇戸程度が必要となる。したがって、大地主をはじめ中小地主、自作農に至るまでの階層が、何らかの形態の村政担当職をになうしかないという指摘[34]は注目すべきことであろう。

筆者は、このような指摘から一歩進んで、施行初期から綿打村の村政担当職に自作農のみならず自小作農が登場しているということからみると、通説的に言われる支配構造、すなわち大地主を頂点とし、そのもとに中小地主、自作、自小作、小作農民の順に支配序列が決められており、国家官僚は小作争議など大正デモクラシー現象が現れてくる前までは、大地主を掌握すれば村の末端まで支配できた、という支配構造の把握に強い疑問がある。換言すれば、大地主、広くは地主層が根強く村を支配できていた時期が存在していたのかは疑わしいのである。この疑問に、より接近するために、次に村政の運営の一端を見ることにする。

第三節　村政運営の一面

一　村政の担い手の選出過程

前節では村議、区長などの村政の担い手の階層に関する分析を行なった。しかし、それは村政秩序の外皮的な分析にすぎないかもしれない。それが村政秩序の実態を把握するものになるためには、村政担当職への参加難易度以外の異なる指標を必要とする。それは役職の選出に誰が、どの程度参加できるのかを把握することである。なぜならば、村または、部落を統合している一人の有力者によって、村政担当職の配分が決められる場合でも、各階層の利害と価値を考慮して、村政担当職を配分させることも可能だからである。したがって、村政担当職の選出過程を把握して、今まで考察してきた役職分析の結果との相互関連性を究明する必要性があると思われる。まず、綿打村の例をとりあげて考察することにする。

綿打村の村長は在職期間が比較的に長いことが特徴としてあげられる[35]。これは村長のリーダーシップによることもあると思われるが、一方、村内の部落間対立および階級対立など村内の紛糾が少なかったことにもよる。村長は村議の階層分布より狭く、村の最上層部に属していたが、重要なことは、村長の在任期間中における同時期の助役、収入役の居住行政区が異なっていることである(36)。これは笠懸村でも確認できるが、このことは村政運営が部落間の連合的性格を持っていることを示している。

それでは村議選挙についてはどうであったのか。一九一三（大正二）年の村議選挙状況に関する綿打村長の報告を見ると、

〔略〕二、本村は一般農村に付き、新選議員の職業別従前の議員に比し変動無之候、選挙の結果落選したる名望者一名有之候　三、従来各部落間に於ける議員の分配改正制度の為一名移動を生じ候　〔略〕五、多数の有志者共同して予選したる候補者にして落選したるもの一名有之候(37)

となっている。ここで注目すべきことは、第一に従来、部落間の協議・分配によって部落の村議の数が決められていたこと、それが新改正制度(38)のもとで新しい部落間の分配制度が定着しないままの選挙のため、一名が落選したことである。ここからも村政運営において部落間の協議による連合的性格がみられる。第二に、部落の候補者は「有志者」によって選ばれたことである。以上が綿打村で確認しうる役職の選出過程である。これらのことを踏まえた上で、次はもう少し具体的に村政担当職の選出過程を、笠懸村の第八区に住んでいた岩崎幸次郎の一九二三年から一九三七（昭和一二）年の日記を通して調べることにする。

岩崎幸次郎は一八六四年、岩崎鼎三郎（一八七六〜一八八〇年連合村戸長、笠懸村の初期村議歴任）の長男として生まれた。一九〇四年四一歳で家督を相続し、一七年村議に選出され、学務委員等を歴任し、三七年死亡。二三年の

賦課順位は九一七戸の内一二番、第八区の一七五戸の内四番で、所得額は一二八二円、所有地は五〜一〇町であった。第八区は旧村鹿田を一つの行政区域としていたが、鹿田山を囲む北部の字山際・吹上・清水と、南部の前鹿田とは連絡が不便であったので、三一年に前鹿田は第九区として分離される。(39) 当時、岩崎の居住字は清水であった。

「岩崎幸次郎日記」（以下は「岩崎日記」）には二五年度の村議候補の選出過程について、次のように書かれている。

大正十四年四月十六日　晴

本日者村議の協議ある筈故、早朝ニ出て田村宗次郎（一九〇一〜二一年村議、二三年の賦課順位六三番、以下括弧の内容は筆者注。また、以下の順番は二三年の賦課順位を意味する）方を訪ひ深澤丑蔵（四四四番、自小作）方ニ行き（村議）候補を吹上等ニ立る方、円満の上に於いて宜しからむと話し、大沢勇次郎（二六四番、自小作）と話し居る処へ、源蔵（一三〜二九年村議、四番）氏も来り申故、辞して小野ニ行きたるが留守、江原屋へ桧苗を買ひに寄りしが留守、時に胆三郎来りし故、江原氏役場ニ行きとの事故会ひて話す様話し、木村方ニ寄りて（小学校合併）約定書の事を話しを頼ミ、又大工方へ寄り帰りし処、吹上より深沢大勇来り居り、源蔵氏に（村議の候補について）話せしが、相談出来ずとの事、夫より自分は気分悪しく遂に休ミたり、又村議の事は山際・清水各候補を定め通知する事になりたりと

大正十四年四月十七日　晴

今朝田村紋次郎（三四番）氏来り、源蔵氏より依頼なりとて貴殿立候補との事なるが、是非譲り呉る様願ひ度との事なりしが、自分は立候補声明したる事なく、又今後も其意趣なしと話し居る処へ、大岩（?）・岩美（?）・田原（田村原内、二八六番、自小作）・大安（大沢安太郎、一九二一〜一九二三年区長、八三番）・大代（大沢代次郎、三二六番、自小作）等来り村議の事ニ付協議し、午後上る事を話し別る

大正十四年四月十八日　晴

〔略〕夫より水沼ニ行きたり、自分は夫より清水に行き村議の事ニ付集会あり、種々の曲折の後岩崎源蔵を公認する事として散会したり

大正十四年四月二十五日　小曇り

本日は晴なれども花曇りの気味あり、本日選挙ニて早朝より、前の事務所へ行き清水の者一同を揃ひて行き、十時頃投票を成して帰り、井戸のポンプを直し、二時頃事務所ニ行きたるが、誰も居らず依て一旦帰る(40)

この選挙の結果、八区出身としては岩崎源蔵（清水居住）、近藤森三郎（一四番、山際居住）、近藤才三郎（四五九番、自小作、吹上居住）、鈴木林蔵（三三〇番、前鹿田居住）の四人が当選した。当選するまでの過程を、上記の日記の内容からさぐってみると、山際・清水・吹上が一つの単位となって、各々の字の関係者がひとまず、協議をして村議候補を調整したことがわかる。これはむろん、何人かの候補者が出る場合、誰かが落選するということが生ずるからである。二一年度選挙では村議候補を出せなかった（二一年度では清水・山際地域のみ村議に当選した）吹上地域では、今度は村議候補を出そうとして清水の岩崎幸次郎とは意見が一致したが、当時の村議の岩崎源蔵に反対された。岩崎源蔵は自分が続けて村議候補として出るつもりであったことが考えられる。そして結局、字間の利害関係上、各々の字別に候補を出す方針が作られるようになった。

各々の字間に候補調停がなされれば、その次は字内部で候補選びをする。そこでも字間の候補調停と同様に字の何人かによって候補内定の作業が行われることが窺われる。清水において岩崎源蔵が幸次郎の立候補を考えていたように、幸次郎を擁立しようとする動きがあったと推察できる。それによって字内における意見の相違で、清水内の有力者間の候補内定作業が円滑ではなかったことをみてとれる。それ故、清水で候補を公認する集会は紆余曲折をたどっ

たのである。しかし一旦、候補が決定されると清水の住民は自分の字の出身者に投票する地域中心主義を発揮する。むろん、有力者間で候補内定作業に異論がない場合、清水住民が集まって行われる候補公認集会は形式上の手続きにすぎない。

以上のような選出過程を簡略化すると、各々の字の間の候補調停作業→字内の候補調停作業→字の公認集会で候補公認→投票、という流れにまとめることができる。さらに前述の綿打村とあわせて考えてみれば、部落間の候補分配調停→部落内の調停の流れになるといえよう。したがって、部落間あるいは有力者間の調停がうまくできず、自分の部落あるいは自分の字でもう一人必要とするという場合は、落選者をも出す可能性を持つ地域中心的な選出構造であったのである。このような村議選出構造は、小作組合による階級対立が発生しない限り維持されていたと思われる。しかし小作争議が発生した地域においても、村議については部落民が協力する例[41]も見られるように、強い地域中心主義が確認できることだけを指摘しておく。

ところで村の有力者という観点からみると、候補調停作業に関与する人物が、どのような階層のものなのかが重要なポイントとなってくる。そこで注目されるのは、字吹上の代表者となる人物が賦課順位二六四番、四四四番の自小作層であるという点、また、第八区の最高有産者にもかかわらず、岩崎源蔵の意図どおりには順調に運ばれなかった点、さらに、清水内の候補をめぐって調停作業に出た人物の中では自小作層が含まれているという点である。このことを通してみると、役職に自小作層が登場してくる表面的な現象だけではなく、村議選出過程にも自小作層が影響力を及ぼしていることが確認できる。二九年四月八日の日記にも、

今日も村社へ行く考へなりし処、田村宗次郎・田村市次郎〔二一八番、自小作〕・田村喜千寿君〔三九年の賦課順位四二番〕・田村竹次郎〔四八三番、自小作〕の諸氏来り、多分村会候補之件ならむが、胆次郎〔幸次郎の長男〕

不在の為め何の話しもなく(42)

と書かれている。このことからも清水における候補選定作業に自小作層が関与していたことを垣間みることができる。上記からわかるように、当時、田村家を中心に岩崎胆三郎を候補として擁立しようとする動きがあったと推測されるが、この時の、清水地域での候補は大沢重次郎（三九年の賦課順位二四六番、自小作）に決定し、彼が村議に当選した。

そして次の一九三三年の村議選挙については、

今日は今朝より来人あり、岩崎林次郎来り、帰りて直大沢重次郎来り、昨夜村会撰挙之件ニ付協議せし処、自分に今一期と云ふ故未だ確答をせず御意見を聞きてとの話なる故、自分としても他適当の人なき故右様考へ居たる処たる故、尚一期立候補致してはと話し帰し(43)

と書かれている。このことからみると、以前と同じように、有力者たちの間で候補内定に関する協議が行われていたことがわかる。当時、岩崎幸次郎は高齢者（一九三三年現在六四歳）であるから候補内定の作業には直接に関与せず、元老格として諮問役を担う地位に位置していたと思われる。続いて、四月二五日の日記をみると、

自分は撰挙ニて午後行き投票を成し帰りて大沢の事務所ニ行き待ち居たる所、投票惣数千百三十五点なりとの事、其後開票之結果木村〔一三～一七年村長、一七～三九年村議、村内の最高有産者〕氏最高ニて六十七点、大沢は六位ニて五十六点なりと、落選者は小宮〔不明〕・籾山〔七区候補〕・矢内〔九区候補〕・田村〔四区候補〕・吉岡

〔一区候補〕なりと、夕食を馳走ニなりて帰る(44)

と書かれている。ここでは、行政区内の字の間に候補調停作業ができずに、各々自分の字の候補を立てる時に落選者が生じていることがみられる。また、五〇町歩以上所有の大地主の木村吉三郎(45)も居住部落を越えた得票はできなかった(46)ことから、地域中心主義をさらに確認することができよう。

「岩崎日記」には、残念ながら、区長の選出記録がないため、次に衛生組合役員および農会代議員の選出過程をみることにする。

大正十三年七月二十八日　晴

降雨未た足らざるが、本日は朝来快晴にして熱し、本日田草を取る事として下の源吉及恒吉来りたり、又早朝に〔区長〕大沢直十郎氏来り、此度県会を以て衛生組合を組織する事となり、笠懸村を九部ニ分ち、当八区を八部とし、部長一名・副部長壱名・委員四名・代議員六名と定め撰挙して役場ニ届ける事なりたるか、各組弐名宛其組ニて撰ぶ事としたる故当組〔清水地域〕如何すべき哉と云ふニ付、田村宗次郎・岩崎春吉〔一三一番〕を頼ミては如何と云ひし処、亦夕刻来り、田村氏は承諾を得し故、其他弐名を定める事とし春吉方へ行きしが留守故、大沢代次郎〔三二六番、自小作〕方ニ行き安太郎〔二一～二三年区長、八三番〕氏ニも来て貰ひ三人て安太郎を頼む事として帰途、又春吉方ニ寄り裏の田に居るとの事故田迄行き承諾を得て帰る(47)

この衛生組合役員の選出は、組合規約には選挙によって行われるとなっている(48)。しかし、日記に書いてあるように実際には選挙は行われず、何人かの者によって決められていた。村長から区単位に役員の配分が行われ、さらに区長によって字ごとに役員の配分が行われる。そして字単位の役員の選定にはその地域に影響力を有する者が関係していた。清水では役員の決定に、その地域の有力者である岩崎幸次郎が大きな役割をはたしていることがわかる。またその選定に自小作の大沢代次郎の関与が注目される。前述したようにこの代次郎は、二五年の清水の村議候補をめぐる協議過程においても登場していた。

一方、一九三一年における農会代議員の選挙に関しては次のように述べられている。

昭和六年三月三十一日　晴

晴天とは云ひ曇り模様なりき、今日農会代議員撰挙ニ付大沢嘉一〔三九年の賦課順位一四九番、清水居住〕立候補之事とて、是に出て呉、と云ふニ付事務所大沢代次郎方ニ行き終日居りたるが、清水の有権者出頭出来得る者三十、其他吹上より十票を貰ふ事とし、又他町村の有権者ニて代人の届なき者より九票委任を貰ひ、外ニ二標《ママ》書き呉るとの事、都合五十一票となる筈なり、九時帰宅

昭和六年四月一日　曇り

今日は東へ家内一同供養ニ招かれて行き、朝食を済して一同投票ニ行きしに、小雨降り初めたるが止ミて、午後七時頃より風出て晴となる、投票より帰りて墓詣を成し帰り居り、夕刻大沢代次郎方ニ行きし、得点五十一票、最高より五番ニて当撰、夕食の馳走ニなり一同の者より早く帰る(49)

大沢嘉一は父大沢代次郎をついで農業に専念し、自小作上層にまで成長した人物である(50)。彼がどのようにして候補に選出されたかはわからないが、父親の影響力もあったとみてもよいだろう。とにかく、この選挙戦の中心人物は、自小作で清水地域における有力者の大沢代次郎であるが、集票のために清水の他の有力者たる岩崎の力を借りざるを得

なかったのである。また地主の岩崎も自分の地域の候補のために尽力し、地域中心主義的に行動していた。それによって自分の属する清水地域の全票獲得と吹上からの票の提供、不在者票獲得などによる予想得票数と実際得票数が一致するという驚異的な集票動員力が発揮されたのである。

これまで八区の中でも清水・吹上・山際の各地域で行われた役職の選出過程について述べてきた。以上のことから二つのことが確認されよう。

第一に、部落の代表である村議や関心の高い農会役員の選出においては、驚く程の集票力に見られるように村民の関心が高かったことである。この関心をもとに有力者は地域中心主義を高揚して集票動員力を発揮し得たと思われる。しかし、その村民の関心は候補選定への参加までには至らない。少数の有力者によって候補の地域分配や候補内定作業が行われており、彼らの間に軋轢が生じない限り、彼らの選定する候補への一般住民の合意獲得は形式的なことにすぎないということも確認された。したがって、官僚の地方支配や政党の選挙勝利のためには、これらの有力者たちを利用しなければならなかったであろう。

ところで、重要なのは、選定に影響力を及ぼす有力者には地主のみならず、自作・自小作出身の者も入っていることであった。岩崎源蔵のように、上層有産者であっても、字間、あるいは字内の利害不一致で自分の思いどおりに仕事がはこばれなかったり、五〇町以上の大地主の木村吉三郎の場合にも、自分の居住部落を越える得票の動員力を発揮することができなかったのである。言い換えれば、強力な地主支配構造の姿は見えない。むしろ、自作や自小作以下の層の出身者による意思決定過程への関与や、彼らからの協力を得られなければ、村政と部落の運営が、円満かつ効果的に進行できないことは十分考えられるのである。

第二に衛生組合の役員のように利害関係が小さく、役員になることについて積極的な者のいない事項については、組合規約に選挙選出とあっても規約どおりに実施されなかったことである。選挙ではなく何人かの有力者によって決められても、有力者の間でも一般住民の間からも何も問題は起こらなかったのである。

二　村政運営と村民意識

笠懸村では一九二〇年代に小学校の合併紛争がおこる。笠懸村では「本村は学校区の別ありて自然東西両区の思想が異なるの感あるは自治上遺憾」であるという新田郡長の報告通り、町村合併の後も旧村意識が強く残存している。したがって、一村一小学校という原則も守られず、東西二つの小学校が設立されて、小学校を中心に村が東区（一区〜五区）と西区に分かれたのである。このような村内の地域対立によって、村長が在任期間の四年に満たずに辞職したり、官選村長も登場したりした(52)。

このような状態で小学校合併問題は「当村将来のため最も重要なる事項(53)」という認識が広がり、一九二三年には本格的に合併の相談が始まった。二月一日に最初の各区代表者会議が開かれ、内容は基本的に合併賛成の空気であった。合併賛成の理由は合併による経費の節減を図って村財政の中の教育費を軽減すること、教育上の理由、役場事務の煩雑、村内の東西異質化の解消などが挙げられていた(54)。ところが、小学校の場所をめぐって結局東西間の紛争となってしまうのであった。

岩崎幸次郎の八区でもこの合併問題に対する会合が開かれたが、合併による小学生の通学距離、合併費用の負担など、住民の生活と密接な関係のある事案にもかかわらず、合併問題発生の初期には少数の者が集まっていたと岩崎が述べているように(55)、参加者は少なかった。一九二四年七月頃、八区を代表して学校問題を他の地域と協議する代表を選定し、当時の村議、区長、区長代理および大沢勇三郎（二六四番、自小作）、岩崎幸次郎（二一一番）、近藤森三郎（五八番）、小林岩十郎（三四八番、自小作）、原田豊三郎（不明）に決定した(56)。

その区の代表にも自小作層が含まれていたことから、前述したような部落運営方式がさらに確認できる。同時に、会合の参加者が少数であったように一般住民の関心の高さとは裏腹に参加率は低く、有力者に一任している傾向も窺われる。これは村議選出の過程に見られる傾向と似ているが、このような傾向になる一つの理由は有力者の地域中心主義、つまり在地的性格によるものと思われる。この点を学校合併の経緯をもう少し整理しながら確認してみることにする。

一九二三年二月一八日、村の有志会において一区の村議小林登美作は中央に小学校敷地を選定し、これを本校とし現在の両学校を仮校舎とする事を主張する。これに対し、村長は新築の経費および手続きの期間などの理由を挙げ、先に両校中に本校、仮校舎を定めて運営し、後日新築・移転することを提案した(57)。さらに、二〇日には東区の一区村議、三区村議、五区村議が東区代表者として、「小学校位置を現在の西校とし、東校を仮校舎とし差し支えなき旨区民一般の了解を得たる事(58)」を報告した。

それ以後の経緯は明確ではないが、校舎を新築するまで高等科生徒を西校に通学させ、またそのために西校を増築する動きがあって東区の有力者はそれに反対していたようである。西区の岩崎は四月二五日に「合併当時声明通り高等の生徒を西校へ通学する様(59)」と述べている。二四年四月二日には「新聞紙報する通り合併当時高等の生徒を西校に通う筈なりし処、昨年当分の間と云う事にて高等科を並置したるに付本年開校に付実行を迫りし処、多数人民集まり何としても西へは行かずと云う(60)」と述べて、西校に高等科を設置し、東区の高等生を通学させることが合併当時の約束であると思い込んでいる。

しかし、東区の反応は「大正十二年二月我笠懸東西両校統一して以来之か実行方法に関し村当局においてその当時の約束に反する点ありし(61)」ということであった。そして二四年三月から有力者に動員された東区民が大会を何回か開き、反対の気勢を上げた。その時強硬派として活躍した者が一区の総代となった吉岡定吉であった(62)。彼はこの時の活躍によって二五年村議選で当選する。東区民の反対の動きはますます激化し、小学校の卒業式への児童出席の拒否(63)、税金不納同盟の結成、消防組合やその他の公職の辞職[64]などの実力行使をも行った。三月三一日には東区の村議小林登美作（一区）、赤石益太郎（三区）、藤生光三郎（三区）と他一名が辞表を提出し強硬な態度をとった[65]。この内赤石、藤生は二五年の村議選でも再選され、小林は吉岡に譲った。しかしこの東区の実力行使に対し、今度は八区でも四月二五日に「合併当時の趣意通り、東部の高等生を西校に通学を期す事、之が実行を貫徹する様、本日納期の村税を納めざる事決議を成し[66]」た。

この村を二分する紛糾について村長や、前村長で、最高の有産者であった木村吉三郎が調停を図ったが、効果はあまりなかった。村の中央に位置する四区、五区の努力等の紆余曲折の末、二五年三月に村の中央に統合校舎を新築すること、その敷地は県郡当局に一任すること、両校とも増築しないこと、新校舎の建築まで高等科の生徒は西校に通学させることなどの内容を盛り込んだ「約定書」によって紛糾は解決された。このように村落内の地域間の軋轢は、「敷地選定は県郡当局に一任する」という他力依存による解決とならざるを得なかったのである。

以上の学校合併過程について指摘しておきたいことは、第一に「岩崎日記」には学校問題協定委員としての岩崎の活動が詳しく示されているが、彼の学校問題に対する意見聴取や報告、相談などに登場する人物を見ると、一般住民の姿はほとんど見られないことである。少なくとも伍長クラス以上か、有力者と思われる人物のみが描かれていた。

第二に、有力者は自分の居住地域の利害については譲らないほど強い執着、つまり地域中心主義を発揮することである。

むろん「増築個所は西校とする様話せし事、〔岩崎〕源蔵氏の如きは、中央に高等を造る場合は西校を夫迄運ぶと迄云ひ居る始末にて御話にならず[67]」とあるように、相手に対して理解を示す者も存在することがわかるが、彼らは主流にはならなかった。また、東区といっても村の中央に近い四区、五区と、東に偏している一区、二区、三区とは立場が違っていて一区〜三区が強硬的立場をとっていた。このようなことをみるとき、有力者は地域中心的性格を持っており、だからこそ地域中心主義を掲げて住民を動員することができたと考えられるのである。

第三に、村内の地域対立において村長や最高の有産者などが調停に影響力をほとんど発揮できなかったことである。これは村政の運営が部落連合的性格を持っていることを物語ると同時に、大地主・寄生地主＝地方名望家さえ掌握しておけば村を支配できるという山中氏の論理とは異なる実態を示していると思われる。

有力者がリーダーシップを発揮して、地域住民を指導していくことができる権威基盤は自分の部落にあった。ここに有力者と一般住民との利害の一致があったと思われる。そして行政村の運営は、部落や字に基盤をおいた有力者たちの協議によって遂行されていくのである。ではここで、有力者たちが主導権を持った権威の根拠はどこにあったかを少し整理することにする。

村政担当職に選ばれる者の個人的な条件については前述した。世代交代期・部落構成の特性などの外部的要素とともに、個人の財産・教養・家門・経営能力・行政能力・パーソナリティなどが影響することは確かである。しかし、有力者が一般住民たちから信頼を獲得するためには、それに止まらず、地域にたいして活動し、地域利益に貢献する姿を一般住民たちに提示しなければならない。

有力者たちは、たいてい村長、村議、区長、区長代理など公式的な村政担当職を担うことで、自分の地域のために奉仕する姿を見せる。また、村内の軋轢などが生じた場合には非公式的にも自分の地域の利益のため努力する。その上、有力者たちは部落や字内の農耕に指導力を発揮し、水利事業、耕地整理事業、道路整理事業、繭・肥料などの共同購入・販売事業などを主導する。それ以外にも、貯金組合を運営し、冠婚葬祭のときは助け合い、図書館建設・青年会・消防組・村社・軍事援護行事のために寄付金を提供するなど、自分の部落や字の共同体的諸事業に最善を尽くす姿を見せ、一般住民たちから信頼を獲得していくのである(68)。さらに、これらの中には県議会に進出して交通、教育機関、土木事業など自分の地域に利益を与えうる事業を中央から誘致して、自分の地盤を確固たるものにした者もある。

ところが、有力者たちは地域利益のため奉仕する姿だけを見せるのではない。表示しなかったが、区長や区長代理の辞職者が続出していた事実があった。これは無報酬にちかい煩雑な行政事務に対し、自分の仕事を犠牲にしたくないという側面を示している。また、村のための貯水池建設事業において自分の費用負担額や水利利用上の困難から貯水池建設事業に参与することを躊躇した点(69)、村に記念碑を立てるにあたり費用負担と自己生活との関連性の低さなどのため、参与の度合がごく少なかったという点(70)などからは、地域のために奉仕する姿の裏に隠されている、自己利益追求の姿勢がみてとれる。

それにもかかわらず、有力者の主導による部落運営が続いていた背景には、一般住民たちの行動や意識と深い関連がある。近代以後、工業化・都市化・情報化などが進行していく状況の中で、この地域にも新しい傾向が発生する。それを人を巡る外観の変化ではなく、人の内面の変化に即して簡単にみることにする。

第一に新しい思潮の流入である。一九二七年群馬県知事は「本県に於ける社会運動はその基源を遠く明治三十年前後に発し、近くは欧州大戦乱の影響を受けて各種思想の流入を来し、幾多の推移と変転を経て今日に至れり(71)」と述べている。また県議会の質問の中にも小作対策、労働対策、青年団対策などが現れてくるようになったのも、やはり新しい時代感覚を表明するものに外ならない。旧木崎村の一農民の日記にも「デモクラシー…①政治的デ……主権在民、民衆政治、②社会的デ……機会均、階級世襲打破、③産業的デ……産業自治、労働者自経営、④文化的デ……文化在民、⑤国際的デ……民族自決(72)」というメモが残されており、これら以外にも労働争議、小作問題、水平社問題、普選などについて記されている。

第二に普通選挙による影響である。普選は一九二七年の県議選挙、一九二八年総選挙から行われた。大正末期からこの時期にかけて、おそらくこれほど政治団体が乱立した時代はないと思われる。各地に政党別の各支持団体が結成され、末端まで組織化していく体制がとられた。二七年の調査によれば、既に綿打村では新田立憲同志会（民政党系）、笠懸村では東毛立憲同志会笠懸支部（民政党系）、太田では新田青年革政会（政友会系）が組織されていた[73]。この普選の実施は各種の政治組織の台頭のみならず、青年の意識にも影響を及ぼした。大正末期から昭和初期にかけて再び青年の弁論、討論会が盛んとなり、中等学校には弁論部が作られ、学生運動も大きな躍進をみせたのである。この原因は普選実施による青年の政治参加の機会も見逃すことの出来ない一因である[74]。ある中学生は「青年の時代は吾等に到来した。精心の拡大するときは此の時期だ。然るに父の暗い顔を見るといやになってふるえている様ないやな気持ちになる。〔略〕世は進歩しましたよお父さん[75]」と書く。

しかし、このような変化が有力者による村政秩序をかえるには至らなかった。既成世代への反発、父への反発を書いた者は父母への孝を書くことへ落ちつき、デモクラシーについてもそれが内面に定着することはなかった。むしろ

議会は解散になった。真の民衆政治の緒は開かれ、禁中に密せられた政治は真に来る選挙に於いて大衆に開放されたのだとか。普選然るべきどもその可否は時期の問題だ。果たして帝国国民に専制政治より解放され政治の政も知らぬ多くの大衆に普選の意義が徹底したのだろうか、その結果は如何[76]

と書き残す。また、普選実施の前後において組織された前述したような団体によって村政秩序が代わったという証拠もない。普選によって、より伝統的要素をもっている農民有権者を増やすことになり、かえって既成政党の体質がより保守化される可能性が出てきたと思われる。

第三に向都熱である。よくいわれているように日露戦後を端緒にして、第一次大戦から二〇年代にかけての農村では都会熱が強くなりつつあった。綿打村に接している生品村小金井の青年支会の会報においても、向都熱による青年

の流出を都市の享楽的傾向に結びつけて批判している[77]。青年の風俗矯正は、明治末期の一九〇四、〇五年から青年会の一つの特色となったほどで、修養と矯風は二つの背景を成した観があった。向都熱のみならず、工業化の波は直接にこの地域に浸透してきた。中島飛行機の工場があった太田、尾島および周辺地域に工業化の影響は強く、離村傾向も激しかった。綿打村に接している旧木崎町の一農民はその工業化の影響を、青年の享楽的傾向、風紀の紊乱、「職工の王様化」（家庭倫理の乱れ）、拝金主義、職工農家の非協力等として批判的に捉えていることからもそれはわかる[78]。第四に経済意識の成長であった。明治末期から大正へかけて、青年会では、増産のために旧習旧式の技術より脱皮しようとして、農業技術を体得し、土と取り組むものが増えてきた。都市化による小商品生産の発展は、

処が今日は何処の青年会を見ても討論をしたり演説をしたりして喜んでいる所はない。何れも真面目で、殖産興業とか慈善事業、若しくは補習教育等に腐心している[79]。

という傾向をも生じさせた。また自発的に購買・販売など各種の組合も組織されるようになった。小作争議についても「之紛争の原因および動機とも称すべきものが、都市近接の地に常に発生し易く、且其の付近は一般に経済思想発達し、時代思潮進歩して地主・小作人共常に打算的にして利害の前には情誼なき[80]」と、経済観念にとらわれていく農村を描いている。

以上、変化の内容について、やや平面的な叙述になったが、筆者が指摘したいことは、要するにこのような変化によっても少なくとも本章の分析対象地では、今までの村政秩序に変化がみられなかったことである。近代以後の変化は農民の自覚や自律的意識の向上という方面よりも、むしろ、村政にたいして無関心をもたらす結果となった。農村青年が向都熱に陥り、個人中心的で村政に無関心であるという指摘や、「岩崎日記」にも書かれているように、生活と

密接な関連のある小学校合併問題の運動にさえ、初期には一般住民の参加が少なかった事実、また、村に記念碑を立てるのにも関心が低く、有力者に全面的に任せようとする事実からも、村政にたいして一般に無関心であったことを確認できる。

さらに、村内における階層対立の表現である小作問題においても、小作人は団体交渉を行わずに、個別的な小作減免請願を出していた(81)。集団的小作争議の場合にも、たいてい部落を地域的根拠にしていて、小作争議が生じた部落を越えて周辺地域まで影響を及ぼし難かった。笠懸村と綿打村の東側に位置している新田郡強戸村は、日本三大小作争議の一つが行われた地域であるが、周辺地域への影響には限界があった。村落内には紛争を調停して解決するいろいろな機能がある。だが、それを超えて小作争議が表面化すれば、既存の部落運営方式は変化せざるを得ない。しかし、前に指摘した限界によって、周辺の綿打村や清水地域にその影響力は及ばず、有力者の権威は傷つけられずに存続することができた。したがって、村政担当職に自小作以下の層が登場してきても、そこから部落運営方式の変化をただちに指摘するのは、性急すぎると強調したい。

まとめ

いままでに町村制施行から一九四五年の敗戦に至るまでの、村政担当職の階層構成および担当職の選出過程を中心に考察してきた。その上、一九三〇年代のいわゆるファシズム時代における地方末端の村落秩序を、それ以前のものと比較する観点から述べてきた。

以上のことから第一に、町村制施行直後においても役職に自作・自小作以下の層が登場してくることを明らかにした。この現象は既に石川一三夫氏も指摘したことがある。ところが、石川氏がその現象を村落構造の特性あるいは地主の名誉職拒否・辞職によるとみており、実際の村落支配秩序は通説的な寄生地主制成立と照応して、寄生地主を頂点にした地主支配とみている(82)。そしてそれが日露戦後期に崩れていくとしている。しかし、「岩崎日記」を見る限り、中・下層の自作農や自小作以下が役職に登場することは外皮的現象にすぎないのではなく、実際の村政運営に彼らの影響力があったと考えられる。

さらに「岩崎日記」は一九二〇年代に書かれたものとしての限界はあるものの、役職への登場階層と彼らの影響力との一致という側面からして、このような村政運営方式は「岩崎日記」の期間（一九二三〜一九三七年）に形成された産物ではなく、それ以前から存在していた運営方式であると思われる。町村制施行直後においても農村内の実態においては自作農・自小作農が地域有力者として活躍していたし、彼らの参与と協力なしには村政運営はうまく進行できなかったと思われる。つまり、村政は地主によって独占されていなかったし、自作や自小作以下の層も有力者として影響力をもっているという柔軟な村落秩序があった。明治期の農村支配構造＝地主支配構造と言える強力な地主支配について再検討すべき地域は少なくないと、あえて指摘する次第である。

第二に、前述のような村落運営秩序の延長線上に、一九三〇年代の農村内支配構造の実態も展開されてきたということである。綿打村や笠懸村での村政担当者の階層分布から確認したように、年毎の小さい差はあるにせよ、町村制の施行直後の傾向は一九三〇年代まで続いていた。第一節で指摘したように多くの研究が段階的な変化の側面を強調してきた。これまで、町村制導入時に、官僚が地方支配の媒介者として求めた地方名望家（有力者）層は、寄生地主＝商人資本家であったり、中小地主・手作地主・自作上層と定義されてきた。また、日露戦争以降には、国家が地方改良運動の担い手としてとくに自作上層を期待したと強調する研究もある。さらに、森氏のように三〇年代の中間層の登場を強調する見解もある。これらの見解は時代の段階的な差異を強調して、時代の非連続的な面を浮き彫りにするものであるが、これに対し、筆者は明治初期から見られる連続的側面をみようとした。

これと関連してもう一つ指摘しておきたいことは、前述したように、部落末端組織に至るほど役職の階層分布にはより下降的現象が現れることである。三〇年代に農事実行組合長などに中堅人物が進出してくるのを強調し、中農層主導型の支配構造に転換したと規定する森氏[83]と、農事組合長等に自小作層が進出していることを見逃して、ファシズムの社会的な基盤としての在村中小地主層を積極的に評価するとともに、地主主導型の支配構造を強調する小峰和夫氏[84]との議論があった。これらは、一九三〇年代以前の実態との比較検討なしに、一時期に限定した議論であり、現在は「中心人物」(自作地主) ―「中堅人物」(中農層) による村落秩序という図式に落ちついていると思われる。しかし、この図式のような村落運営は既に明治期からの傾向ではないのかと筆者は考えるのである。

第三に、上記のように村落運営秩序は柔軟な支配構造であった。また、近代化の進行につれて都市化の現象、階級の問題が注目されるようになる。それにもかかわらず、綿打村や笠懸村で見てきたように、少数の有力者によって村政運営や部落運営が主導されたことについては、有力者の在地的性格および近代化の中で現れてくる一般住民の政治的無関心と直接的な関連があるということも指摘した。

綿打村と笠懸村の分析を通じて再度強調したいことは、いわゆるファシズム時代にみられる村落運営構造は、すでにそれ以前町村制施行初期からみえてくる現象として、その延長線上におかれている点である。

最後に、綿打村や笠懸村は小作争議がほとんど見られなかった地域である。その面で農村社会の一側面を表しているにすぎず、一般化するには限界がある。小作争議があった地域の分析は第三章以下の課題とする。また、本章は有力者の支配力の問題を、役職分析や役職選出過程を中心に分析した。しかし有力者の支配力の問題は、様々な側面から分析しなければならないことであり、とくに有力者と一般住民との関係をもっと追求するべきであると思われる。これは今後の課題としたい。

注

（1）山中永之佑『近代日本の地方制度と名望家』弘文堂、一九九〇年。
（2）中村政則「天皇制国家と地方制度」『講座日本歴史　8』東京大学出版会、一九八五年。大石嘉一郎「地方自治」（『岩波講座日本歴史　一六』一九六二年）では、地方名望家を寄生地主＝商人資本家とし、もっと狭く捉えている。
（3）筒井正夫「近代日本における名望家支配」『歴史学研究』五九九号、一九八九年。同「農村の変貌と名望家」『シリーズ日本近現代史　2』岩波書店、一九九三年。
（4）森武麿「日本ファシズムと農村経済更生運動」『歴史学研究』一九七一年度大会報告別冊特集。
（5）雨宮昭一「大正末期～昭和初期における既成勢力の自己革新」『日本ファシズム　2』大月書店、一九八一年。
（6）伊藤之雄「名望家秩序の改造と青年党」『日本歴史』二四一号、一九八二年。
（7）大門正克「名望家秩序の変貌」『シリーズ日本近現代史　3』岩波書店、一九九三年。同『近代日本と農村社会』日本経済評論社、一九九四年。
（8）「綿打村更生計画綴」（一九三三年）、新田町役場文書（以下、出所を明記しないものは新田町役場文書）。
（9）「大正四年度事務報告書」。
（10）一九一二年に群馬県農会の一〇町以上所有地主の調査によれば、綿打村は六名であり、最高所有者正田盛作は一八町三反を所有し、小作人数は三〇名であった（渋谷隆一編『資産家地主総覧　群馬編』日本図書センター、一九八八年）。
（11）「昭和十一年度経済更生計画樹立基本調査」『笠懸村誌　近現代史料集』二九九頁。
（12）『笠懸村誌　下』四一九頁。
（13）「小作調停申立に関する通知書」『笠懸村誌　近現代史料集』二四二頁。
（14）中村政則前掲論文、六〇頁。
（15）「大正四年度事務報告書」。
（16）『新田町誌　通史編』七三一頁。
（17）「大正十二年度県税戸数割賦課表」の「賦課額算定」による。
（18）「大正十二年度県税戸数割賦課表」。

（19）同右および「昭和十四年度村税特別税戸数割賦課表」。
（20）「群馬県小作調整関係書類」群馬県庁文書。
（21）「町村会議員改選に関する件」『新田町誌　資料編下』一三二頁。
（22）普通選挙による小作農の村会進出などによって地主的秩序の変容を強調する大門正克氏も「村議に当選した小作農民の圧倒的部分は農民組合に所属しない小作人であった。一九三三年の町村会議員選挙の結果をまとめた農林省の報告によれば、小作議員の多くは、『町村において相当信望あり且町村のため相当尽力しつつあるもの』であったが、『階級意識と関係なく』『地方的慣習』や『縁故関係』あるいは『部落観念』にもとづいて立候補したといわれた。」（前掲『近代日本と農村社会』二五七頁）と一度指摘している。
（23）『新田町誌　通史編』七三二頁。
（24）「大正四年度大字西鹿田生産調査」『笠懸村誌　近現代資料集』二〇一頁。
（25）『笠懸村誌　下』三九〇～三頁。
（26）「笠懸村大正十二年度戸数割賦課表」。
（27）大島美津子『明治のむら』教育社、一九七七年、一四四～一四五頁。
（28）「大正八年議事録」。
（29）「各年度事務報告」「大正十二年度県税戸数割賦課表」。
（30）「明治四十五年議事録」。
（31）農事実行組合長の一九三九年度の賦課順位は、三、三三、二〇一、二〇六、二八二、三六〇、六四四、六八四、一六七（四一年度順位）、七五三（一九四一年度順位）、一名不明であった。
（32）石川一三夫『近代日本の名望家と自治』木鐸社、一九八七年、二二三頁。
（33）筒井正夫「成立期における行政村の構造」、同「日清戦後期における行政村の定着」『近代日本の行政村』大石嘉一郎ほか編）、日本経済評論社、一九九一年。
（34）石川前掲『近代日本の名望家と自治』二一九～二二一頁。
（35）同右、一五七～一六三頁を参照。

(36) たとえば、四区居住の村長正田盛作の在任期間（一九〇九～一九二九年）中において、助役は八区居住者、収入役は三区居住者であった。

(37)「村会議員選挙改正による単記投票利害得失取り調べ報告」『新田町誌　資料編下』一三一頁。

(38) 一八八八年の市町村制では村議の任期は六年で、三年ごとに半分の者が改選されたが、一九一一年に市町村制が全面的に改正され、議員の任期は四年で全員改選、連記投票から単記投票となった。

(39)『新田町誌　資料編下』六八頁。

(40)「岩崎日記」『笠懸村誌　近現代資料集』七一九～七二〇頁。

(41) 綿打村と隣接している木崎町旧村赤堀は、一九二〇年代後半小作争議で紛糾し、一度表面的に解決はしたものの、常に小作問題を抱えていた地域であった。四二年の翼賛体制のもとの町議選挙ではあったが、赤堀本郷の小作争議の指導者大川三郎が赤堀候補である下組の地主小沢碩の町議当選に協力していた。なお以下の史料から有力者による候補選定、その作業がうまくいかなかった場合の模様、有力者の集票動員力など笠懸村の村議選出過程とほとんどかわりのないことが読みとれよう。

五月五日　町議選出の件、配給所にて（赤堀）各組合選出の推薦委員、選考の委員会開催す、宮田茂次を推し（候補として大川竹雄が推薦）、各組合に町議候補二名の時と一名の時の場合にどうするかを申し合わせ解散、参加者正副区長、松村（本郷）、大川用次郎（本郷）、松村國太郎（不明）、小林邦太郎（下）、大竹（中）、宮茂（中）、磯実（上）、松金（上）氏なり

五月十五日　小沢碩候補事務所開き、大川三郎宅。六時から八時迄、宮峯、小新、宮茂、大竹、松國、小碩、大三七人酒二升

五月二十三日　町会選挙、推薦十二名自薦候補なし、然し（木崎）下町多田與一郎氏斉藤國太郎（中町）を推すべき処出た為に分派し、多田三十二票にて危なく当選す、斉藤立候補せざるに二十票入る、又多田の票隣町の森田新衛（七十二票最高）に行く、多田前町長今度は大変困却の模様、人間進退あり。本村の推薦小沢碩第二位、在村票七十五票中病気無筆七票あり、尚村人を通じ他町村人依頼三、五票あり、大体予定表出る、夜事務所に於いて宮峯、大三、松國、大竹の選挙委員（「大川竹雄　昭和十七年日記」、大川家文書）

(42)「岩崎日記」前掲書、七二一頁。
(43)「岩崎日記」三三年四月七日、前掲書、七二九頁。
(44)「岩崎日記」前掲書、七三〇頁。
(45)一九一二年頃の木村吉三郎は、二九町三反三畝歩所有、地価七八八八円、小作者数二七名を持つ地主であった(前掲『資産家地主総覧　群馬編』)。また、一九二六年の笠懸村の最高有産者として五〇町歩以上の地主は木村とみていい(『笠懸村誌近現代資料集』二九六頁)。
(46)一九二三年の居住七区の戸数は一〇〇戸であった(「笠懸村大正十二年度戸数割賦課表」)。
(47)「岩崎日記」前掲書、七一二頁。
(48)笠懸村では町村制の施行とともに、一八九一年には村内各部落ごとに衛生組合が組織され、各組合ごとに組長が置かれた(『笠懸村誌　近現代資料集』、七七頁)。大正期に入ると伝染病についての対策が村全域にわたって立てられるようになり、一九二四年には村全域を一丸とした衛生組合が再編され、各部落には「部」を設けるようになった。その衛生組合規約を綿打村の残存史料からみると、「組合長、組合副長は総会に於いて組合員中より之を選挙し、部長・副部長・委員は各部会に於いて其の区域内組合員中より選挙」するという項目がある。部の組合員は区域内の居住者である(『新田町誌　資料編下』七七六頁)。
(49)「岩崎日記」前掲書、七二四頁。
(50)「昭和十四年度戸数割賦課表」の中の「資産状況による賦課額」による。
(51)「町村巡視顛末報告」『笠懸村誌　近現代資料集』九一頁。
(52)『笠懸村誌　下巻』五〇～五一頁。
(53)「小学校統一に関する書類綴」『笠懸村誌　近現代資料集』三七〇頁。
(54)同右。
(55)「岩崎日記」二三年二月五日、前掲書、六九六頁。
(56)「小学校統一に関する書類綴」前掲書、三八八頁。
(57)前掲書、三七三頁。

(58) 前掲書、三七四頁。
(59)「岩崎日記」二三年四月二五日、前掲書、六九六頁。
(60)「岩崎日記」二四年四月二日、前掲書、七〇九頁。
(61)「東区民の決議書」『笠懸村誌　下巻』八七二頁。
(62)「報知新聞」二四年三月三一日、前掲書、八六八頁。
(63)「東京日々新聞」二四年三月三一日。
(64)「時事新報」二四年八月二日。
(65)「上毛新聞」二四年四月二日、『笠懸村誌　下巻』八六九頁。
(66)「岩崎日記」二四年四月二五日、『笠懸村誌　近現代資料集』七七一頁。
(67)「岩崎日記」二三年二月一〇日、前掲書、六九六頁。
(68)「岩崎日記」二四年七月二四日、二九年八月八日、前掲書、七一二～七二〇頁。
(69)「岩崎日記」三四年二月四日、前掲書、七三六頁。
(70)「岩崎日記」三四年一月二七日、前掲書、七三五頁。
(71) 群馬県議会『群馬県議会史　四』一九五六年、一九六七頁。
(72)「大川　昭和三年日記」。
(73) 前掲『群馬県議会史　四』一九六四頁。
(74) 萩原進『群馬県青年史』国書刊行会、一九八〇年、一六四頁。
(75)「大川　昭和三年日記」。
(76)「大川　昭和三年日記」一月二三日。
(77)『農村之友』一九一五年九月、小金井村青年文会、新田町役場文書。
(78)「大川　昭和十四年手帳」。
(79)「上毛新聞」一九一〇年一一月三〇日（前掲『群馬県青年史』一四一頁から引用）。
(80)「小作争議に関する調査」『群馬県史　資料編二一』七五四頁。

（81）「岩崎日記」二四年一〇月二八日、前掲書、七一四頁。

（82）これに対し、大地主をもって戦前の地主制ないし借地市場の構造をイメージすることへの批判と、日本の土地制度の最大の特徴が土地所有の零細性にあったことを強調した、玉真之介「『農民的小商品生産概念』について」（『歴史学研究』五八五号、一九八八年）を参照されたい。

（83）森武麿前掲論文「日本ファシズムと農村経済更生運動」。

（84）小峰和夫「ファシズム体制下の村政担当層」大江志乃夫編『日本ファシズムの形成と農村』校倉書房、一九七八年。

表7 綿打村行政区別県税戸数割賦課額の順位と略歴：大正12年

A:行政区における賦課額順位。
B:綿打村における賦課額順位。
C:資産状況による賦課額（単位:円）。
経歴のT6村議とは、大正6年に村議となったことを表す。
M、T、Sは各々明治、大正、昭和を表す。

A	B	氏名	行政区	賦課額	所得額	C	経歴
1	8	栗原武平	1	45.56	1300	27.64	
2	17	長山宮平	1	34.41	1409	14.6	T6村議
3	28	西村久次郎	1	23.06	831	11.34	
4	36	石原太郎吉	1	19.66	550	11.34	M35区代,T5年区代(T6辞職)
5	40	小林幸三郎	1	18.74	575	10.33	M45区代,T5区長満期,T5区長(T6辞職),T6T10村議
6	47	小林剣二	1	17.83	750	7.56	
7	56	荒牧寅次郎	1	16.3	598	7.56	
8	69	小林清之助	1	14.8	343	9.32	M43村議,M45区長,T2村議,T10村議
9	73	荒木菊次郎	1	14.41	443	7.56	
10	75	西村喜八	1	14.01	382	7.55	M43～S12村議
11	77	荒木富置	1	13.83	580	5.29	T12区長
12	83	荒木茂	1	13.09	285	8.56	
13	84	五十木丈吉	1	13.08	470	6.05	T6小林辞職による区長,T8区長
14	100	服部重次郎	1	10.69	400	4.54	
15	107	岸坤二	1	10.19	490	3.65	S4,S8村議
16	111	荒木稲太郎	1	9.98	240	5.29	T6石原辞職による区代,T8T10区代
17	114	万場團彦	1	9.86	469	3.02	
18	115	岡部類三郎	1	9.85	440	3.53	
19	125	石原□三郎	1	9.57	443	3.02	
20	126	荒木清蔵	1	9.55	200	6.05	T10区長
21	127	荒牧勝十郎	1	9.46	340	4.02	
22	131	長山角彦	1	9.15	350	3.53	
23	137	小林勝三郎	1	8.95	325	4.03	T14村議
24	148	石原□之助	1	8.63	302	3.73	
25	153	金谷庄吉	1	8.38	256	4.38	
26	160	服部仙彦	1	8.26	187	4.53	

27	163	栗原伊三郎	1	8.1	370	2.27	
28	165	中山清次郎	1	7.98	315	3.54	T5年区代満期
29	166	荒牧伊太口	1	7.93	270	3.03	
30	170	山本伊喜蔵	1	7.77	300	3.27	
31	171	栗原彌忠太	1	7.76	280	3.27	
32	178	津久井松五郎	1	7.59	348	2.15	
33	180	石原源十郎	1	7.46	472	0.63	
34	193	長山繁太郎	1	6.99	330	1.88	
35	211	栗原勝治	1	6.57	250	2.4	
36	210	石原龍太郎	1	6.57	250	3.02	
37	216	金谷参十	1	6.46	283	2.14	
38	217	服部今朝市	1	6.45	260	2.52	S2,S4区長
39	229	長山清彦	1	6.22	216	2.77	
40	230	石原重平	1	6.21	171	3.02	S14区代
41	231	大矢惣五郎	1	6.17	267	2.4	
42	244	石原金三郎	1	5.83	187	2.4	
43	254	岡部さと	1	5.64	156	2.77	
44	256	小林半三郎	1	5.57	373	0	T5～T15書記,S14に167番,S12村議,S14区長
45	257	下山口五郎	1	5.54	100	1.89	
46	271	石原類五郎	1	5.16	215	1.64	
47	270	小林伊平	1	5.16	150	2.41	
48	274	尾島源太郎	1	5.08	180	2.42	
49	284	長山福次	1	4.97	11	4.03	T14村議
50	286	石原九十郎	1	4.94	188	2	T10村議
51	288	服部多一郎	1	4.9	200	1.63	
52	295	高柳留吉	1	4.84	322	0.23	
53	308	荒木友重郎	1	4.64	49	3.53	
54	315	荒木伝三郎	1	4.53	200	1.38	
55	319	大野源三郎	1	4.47	240	0.88	
56	321	中山正治	1	4.43	285	0.38	T5-T15書記
57	322	荒牧金三郎	1	4.41	284	0	
58	330	栗原秀吉	1	4.21	88	2.4	
59	339	岡部角太郎	1	4.05	217	0.73	T12区代
60	353	金谷庄太郎	1	3.85	201	0.62	S6,S8区長
61	359	服部之助	1	3.77	134	1.63	

62	360	田口勇三郎	1	3.77	277	0	
63	362	荒木徳次郎	1	3.71	137	1.38	S2,S4区代
64	370	服部福蔵	1	3.61	170	0.88	T5-T11書記
65	371	長山□□	1	3.6	150	1.13	
66	372	木村武平	1	3.55	123	1.13	
67	375	石原丈吉	1	3.54	198	0.5	
68	382	石井輝次	1	3.47	138	0.88	
69	393	岡部平三郎	1	3.37	128	0.88	
70	397	岡部年郎	1	3.33	150	0.88	
71	405	栗原権十郎	1	3.24	174	0.51	
72	416	西村久太郎	1	3.16	150	0.88	
73	420	荒牧伊一郎	1	3.13	203	0	T8-T15書記

以下131番まで略

132	743	長山見龍	1	0.97	0	0	1847生れ,M33に7等級,M25-42村議

以下150番まで略

1	7	山本正四郎	2	50.49	2028	23.28	
2	14	毛呂佳太郎	2	38.21	1339	19.83	M35区代,M40補村議,M43-S2村議,M32-M43県議
3	27	坂庭茂吉	2	23.71	1155	7.45	S8区長
4	34	江田匡	2	19.77	636	10.16	明治の書記
5	49	新井浜次郎	2	17.22	692	7.45	
6	51	関口□次郎	2	16.98	426	10.42	
7	53	坂庭龍太郎	2	16.79	621	8.35	T5-T12区長
8	54	毛呂国衛	2	16.4	710	6.1	S6区代,S17村議
9	55	坂庭伝平	2	16.34	390	9.95	S4,S8,S12村議
10	59	千吉良亀衛	2	15.64	415	9.1	T14,S4,S8,S12,S17村議
11	61	丸山彌市	2	15.54	646	6.07	T5青木辞職による区代当選,T8T10区代
12	62	藤生忠平	2	15.52	450	8.35	
13	64	中山荘彦	2	15.33	558	7.27	
14	71	加藤芳太郎	2	14.62	650	4.6	
15	76	田幡丑蔵	2	13.96	557	5.72	
16	79	斉藤君之助	2	13.47	627	4.6	T12区代,T14村議,S2S4区長

17	87	江田和十郎	2	12.83	652	3.61	
18	88	坂庭茂三郎	2	12.82	440	6.1	
19	93	須川定十郎	2	11.93	522	4.07	
20	102	高田文吉	2	10.43	440	3.74	
21	108	江田太十郎	2	10.11	431	3.71	
22	116	加藤太治馬	2	9.84	508	2.49	
23	121	坂庭七平	2	9.63	227	5.92	
24	132	星野庄太郎	2	9.07	424	2.71	
25	144	山本英	2	8.72	385	3.07	
26	145	坂庭口八	2	8.71	348	3.24	
27	147	田幡佳平司	2	8.64	379	2.49	
28	151	中里初太郎	2	8.46	347	2.98	
29	155	千吉良与太郎	2	8.36	200	5.24	
30	157	山本二郎	2	8.31	313	3.07	
31	158	大塚喜惣次	2	8.3	400	2.2	
32	164	坂庭愛治	2	8.04	156	4.74	
33	167	千吉良幕寿	2	7.88	330	3.07	
34	174	関口口治郎	2	7.72	393	1.99	
35	185	青木義太郎	2	7.19	90	5.42	
36	194	青木禎次郎	2	6.99	50	5.24	M43-S6村議,T2T4区代,T12区長,T14-S5収入役
37	198	丸山滝太郎	2	6.88	248	2.49	
38	199	青木仙三郎	2	6.87	253	2.71	
39	202	津久井八五郎	2	6.75	274	2.49	
40	203	須斉直次郎	2	6.75	275	2.15	
41	212	須川三代吉	2	6.55	308	1.65	
42	213	須川作次郎	2	6.51	250	2.49	
43	214	藤生貞次郎	2	6.5	280	2.49	
44	220	津久井栄十郎	2	6.42	264	1.99	
45	226	丸山五郎	2	6.32	251	2.24	
46	228	高田茂三郎	2	6.23	59	4.74	
47	232	星野和市郎	2	6.16	296	1.47	
48	234	丸山惣三郎	2	6.1	302	1.68	
49	258	田幡隼太郎	2	5.5	82	3.61	
50	276	坂庭武平	2	5.06	342	0.24	
51	281	坂庭参次郎	2	5	220	1.42	

52	285	中村助作	2	4.94	186	1.68	
53	293	吉田由十郎	2	4.85	206	1.68	
54	296	宮本関次郎	2	4.83	339	0	
55	298	大塚勢平	2	4.81	260	1.01	
56	304	須賀勘彦	2	4.72	284	0.61	
57	306	安藤玄龍	2	4.68	130	2.49	
58	312	丸山榮太郎	2	4.58	98	2.25	
59	313	高田弁司	2	4.55	189	1.47	
60	328	田幡林次郎	2	4.24	202	0.92	
61	337	千吉良政治	2	4.09	200	0.74	
62	338	斉藤袈裟市	2	4.06	240	0.24	
63	346	高田宗七郎	2	3.93	233	0.21	
64	356	田幡房吉	2	3.82	197	0.51	
65	365	野村豊吉	2	3.66	230	0	
66	368	坂庭八百作	2	3.63	70	1.92	
67	377	関口清四郎	2	3.49	56	1.97	
68	381	金子三次郎	2	3.48	226	0	
69	399	加藤栄三郎	2	3.27	159	0.51	加藤兵隊と呼ばれた人
70	402	児島太七	2	3.25	107	1.29	
71	415	丸山礼助	2	3.17	200	0	
72	421	吉田慶三郎	2	3.12	225	0	
73	426	新井吉五郎	2	3.06	213	0	
74	432	丸山清作	2	3	98	1.18	
75	434	藤生信十郎	2	2.99	110	1.24	
76	435	津久井利平	2	2.98	114	1.1	
77	440	田幡光次郎	2	2.92	125	0.97	
78	444	萩原平次郎	2	2.88	187	0	T14村議

以下108番まで略

109	657	加藤西市	2	1.4	3	0.77	S14に363番、S8S12村議

以下147番まで略

1	4	窪田菊太郎	3	58.99	1910	33.04	M35区長,M45区代,T3区長
2	9	新井徳次郎	3	44.43	1766	20.53	長,S4区代
3	11	阿佐見彌久	3	41.55	1098	25.51	T6村議
4	12	吉田完治	3	39.16	1538	17.7	
5	19	橋本鶴平	3	30.85	1100	15.33	T2村議
6	20	亀井佐次郎	3	30.67	953	17.21	
7	24	中村幸作	3	26.79	991	13.21	
8	26	吉田郁造	3	24.05	864	11.9	S6S8区代,S14区長,S17村議
9	33	新井孝次	3	20.7	926	7.14	
10	48	亀井竹十郎	3	17.81	547	9.78	
11	52	橋本清八	3	16.94	474	9.76	T5-T8区長,T8T10T12区代,S4S6区長
12	65	高山辰次郎	3	15.18	442	8.72	M43村議
13	80	亀井茂吉	3	13.34	498	6.07	
14	82	窪田重四郎	3	13.12	572	4.76	
15	92	亀井客太郎	3	12.09	267	7.92	
16	94	藤生徳太郎	3	11.64	222	7.63	
17	97	吉田藤彦	3	11	565	2.63	
18	105	吉田平三郎	3	10.32	314	5.44	T5-T8区代,T6-S16村議
19	113	斉藤龍太郎	3	9.88	386	4.22	
20	124	吉田仲次郎	3	9.59	211	6.13	
21	130	窪田口太郎	3	9.17	192	5.55	
22	136	窪田佐市郎	3	9.01	321	4.22	
23	139	新井鋳衛	3	8.83	303	4.22	
24	143	斉藤勘太郎	3	8.76	243	4.76	
25	177	斉藤口三郎	3	7.61	171	4.22	
26	181	阿佐見武三郎	3	7.45	338	2.51	
27	188	川田幸	3	7.15	211	3.66	
28	190	新井高治	3	7.05	321	2.21	
29	200	阿佐見忠蔵	3	6.83	170	3.7	
30	208	吉田国太郎	3	6.59	310	1.51	
31	225	川島要蔵	3	6.32	209	3.01	
32	246	斉藤新一郎	3	5.78	215	2.51	
33	247	新井常五郎	3	5.78	224	1.97	

34	259	新善十郎	3	5.42	132	2.51	
35	266	橋本善吉	3	5.23	70	3.7	
36	267	吉沢勝太郎	3	5.22	0	4.7	
37	268	窪田弁次郎	3	5.22	158	2.25	M33に9等級,M37M40村議,T2に21等,T10T14村議

以下88番まで略

89	576	窪田秀蔵	3	1.89	0	1.52	T8,T10,T12,S2区代

以下123番まで略

1	3	正田盛作	4	84.59	2544	36.45	1862生れ,M30-40収入役,M40-42助役,M42-S4村長
2	15	関口辰五郎	4	35.88	1851	11.12	T12区長
3	22	関口友太郎	4	29.11	1686	6.47	
4	32	斉藤桂次郎	4	20.73	658	10.3	S4区長
5	57	関口伝平	4	16.28	609	7.49	T8区長,T10T14村議
6	72	小堀新十郎	4	14.61	300	9.81	T10,T12区代
7	90	関口重平	4	12.23	607	3.64	
8	103	斉藤今作	4	10.4	300	5.24	T5区長満期,T5区長,T10T14村議
9	104	関口浅次郎	4	10.39	483	3.34	S8区代,S14区長
10	119	山津吾市	4	9.73	462	2.83	
11	133	小堀甚三	4	9.07	479	1.72	
12	142	斉藤亘	4	8.81	385	2.83	S14に237番、S12S17村議
13	161	久保田為吉	4	8.19	300	3.64	T10区長
14	173	篠塚草三	4	7.72	410	1.72	S2区代、S6区長
15	186	吉田幸作	4	7.16	297	2.83	
16	201	尾内武平	4	6.82	436	0.56	
17	205	小堀章二	4	6.71	245	0.83	
18	218	関口浪吉	4	6.44	463	0	
19	237	斉藤梅吉	4	6.01	385	0.11	
20	242	尾内相吉	4	5.93	201	2.72	S4,S8村議
21	277	斉藤直次郎	4	5.06	280	0.9	
22	307	出島久作	4	4.66	261	0.9	
23	318	矢島猪太郎	4	4.51	239	0.91	
24	327	斉藤政次郎	4	4.33	271	0.91	

25	333	矢島勝太郎	4	4.14	257	0.5	
26	342	斉藤茂一	4	4.02	188	0.91	
27	350	吉田運平	4	3.89	217	0.7	S8村議

以下66番まで略

67	720	関口森太郎	4	1.04	21	0.7	T2に11等級,T2村議,T3区長辞職,T6村議

以下75番まで略

68	727	星野文彌	4	1.01	0	0.91	
69	731	関口条吉	4	1	0	0.6	
70	737	橋本吉二郎	4	0.99	63	0	
71	820	板垣宥光	4	0.69	48	0	
72	825	早野初太郎	4	0.65	30	0.11	
73	839	関口□之助	4	0.57	1	0.29	
74	842	持田遠作	4	0.55	35	0	
75	860	関口はな	4	0.41	20	0	
1	1	福島彌曽次郎	5	89.99	3561	42.28	1850生れ,T2村議,T10区代
2	6	岩崎弁一郎	5	51.51	1894	25.72	M34,M37,M40,M43村議
3	16	福島幸太郎	5	34.51	1012	19.98	T12区長満期、T12区長、S2区長
4	23	岸啓一郎	5	27.23	987	13.33	
5	25	新井近吉	5	26.49	1013	26.49	T6村議
6	35	関根染吉	5	19.71	625	10.34	T2T4T6T8区長、T6T10村議
7	42	荻野安五郎	5	18.5	583	18.5	
8	44	大館吉次郎	5	18.22	575	9.77	T10区長(T11辞職)
9	46	堀越茂七	5	18.03	618	9.23	
10	60	滝沢清五郎	5	15.56	497	8.5	
11	66	長山牧次郎	5	15.04	390	9.42	
12	68	関根長十郎	5	14.82	600	6.2	
13	70	藤生松五郎	5	14.8	543	6.97	T10,T12区代,S2区代
14	78	大島与一	5	13.82	578	5.5	T10村議
15	81	荻野久次郎	5	13.13	476	13.3	
16	85	荻野若十郎	5	13	429	13	T8区代
17	86	荻野交次郎	5	12.84	489	12.84	

18	89	新井武平	5	12.7	429	6.2	T2区長退任
19	91	荻野信次郎	5	12.21	405	6.2	
20	96	岩崎長男	5	11.28	255	6.89	
21	98	関根仁平	5	11	569	2.68	
22	112	田中富士吉	5	9.98	430	3.67	
23	122	大島彌平	5	9.6	401	3.67	
24	135	森下正作	5	9.01	641	0.21	小学校校長
25	140	岸喜三郎	5	8.82	377	3.22	
26	146	荻野勝太郎	5	8.7	328	3.67	
27	149	大館民三郎	5	8.61	257	4.82	
28	175	岸剛蔵	5	7.69	271	3.22	
29	176	大館吉五郎	5	7.67	315	2.75	T2区代
30	179	堀越栄次郎	5	7.48	276	3.67	
31	182	岸琢蔵	5	7.44	258	3.22	
32	183	柳沢栄一郎	5	7.31	310	2.53	
33	191	岩崎秀吉	5	7.05	293	20.42	
34	192	伊藤新八	5	7.02	473	0.53	
35	195	関根今朝市	5	6.98	236	3.22	
36	196	荻野橘次	5	6.96	192	3.67	
37	197	荻野光次郎	5	6.91	246	6.91	
38	204	柿沼豊吉	5	6.72	271	2.53	T4T6区代,T10T14村議
39	206	大島彌吉	5	6.7	290	2.18	
40	209	新井吉五郎	5	6.57	243	3.22	
41	215	大島□八	5	6.5	325	2.08	
42	233	岩崎茂九郎	5	6.14	417	0	
43	235	堀越亘	5	6.09	191	2.86	
44	236	荻野薫氏	5	6.03	285	6.04	
45	255	中村菊次郎	5	5.63	206	2.28	
46	261	大館逸郎	5	5.41	251	1.5	
47	264	稲田澄光	5	5.33	179	2.53	
48	297	北瓜せき	5	4.82	356	0	
49	300	荻原勝十郎	5	4.81	155	1.95	
50	299	荻野勘十郎	5	4.81	124	4.81	
51	311	関根省三郎	5	4.59	214	1.26	
52	316	石井牧蔵	5	4.53	210	0.5	

53	325	大沢芳四郎	5	4.36	181	1.26	
54	324	大島新作	5	4.36	170	1.5	
55	326	堀越嘉三郎	5	4.33	70	2.75	
56	329	石川きん	5	4.22	91	2.44	
57	334	麦倉英治	5	4.14	94	2.35	
58	341	岸直重	5	4.02	105	2.18	S14に360番、S12村議
59	348	小堀増太郎	5	3.92	174	1.26	
60	347	中村完一	5	3.92	84	2.18	
61	357	新井数馬	5	3.82	125	1.5	T10,T14村議

以下154番まで略

1	134	古郡啓三郎	6	9.05	358	3.5	M35区長,T2区代退任,T4区代,T6T10区長,S8区代
2	254	今井喜代三郎	6	8.37	352	2.57	T2区長,T6区代,T8区長,S8S10区長,S12区代
3	184	古郡多文次	6	7.27	360	1.74	T2に20等級,T2区代,T4区長,T8区代
4	222	関口朝治	6	6.36	300	1.36	T10区代,T12区長
5	224	関口滝十郎	6	6.33	381	0.96	S2区代
6	369	関口常松	6	3.61	123	1.44	
7	390	今井興四郎	6	3.38	133	1.36	S4,S6区代
8	419	今井平蔵	6	3.15	0	1.8	T12区代,S2S4S6区長,S4村議,S14に326番
9	469	関口喜市郎	6	2.73	154	0.18	
10	522	関口茂平	6	2.34	97	0.18	
11	589	関口保治	6	1.82	100	0	
12	748	関口宇一郎	6	0.95	30	0.21	
13	763	鈴木やす	6	0.9	50	0	
14	787	関口武重郎	6	0.82	50	0	
15	817	古郡儀十郎	6	0.7	0	0.48	
1	10	清村宇市	7	43.1	1849	17.82	T10,T12,S2区長,S4村議
2	30	岡本又次郎	7	21.36	929	8.41	T6村議
3	31	栗原守蔵	7	20.82	783	9.22	M45区代,T4-T12区代,T14村議
4	50	栗原久良多	7	17.13	622	7.9	
5	58	栗原高蔵	7	16.06	699	6.15	S4区長,S6区代,S8村議
6	63	栗原富十郎	7	15.4	530	7.59	
7	99	清村浜次郎	7	10.98	410	4.3	S8区代,S17村議
8	109	清村口平次	7	10.05	295	5.42	

9	152	清村定松	7	8.4	450	0.35	
10	168	岡本長八	7	7.83	389	1.93	
11	189	清村周作	7	7.07	300	1.95	T5T8区長,T10村議
12	207	栗原勝太郎	7	6.65	350	0.53	
13	221	清村彌三	7	6.41	298	1.74	
14	240	栗原竜助	7	5.95	268	0.95	
15	239	栗原倉吉	7	5.95	250	1.95	
16	245	栗原幸吉	7	5.8	260	1.45	T12区代
17	263	金井亀太郎	7	5.33	783	1.34	S2S4区代,S6S8区長,S12村議

以下46番まで略

1	2	片山英作	8	85.5	3614	36	長
2	5	片山伊蔵	8	54.69	2127	25.42	M35区代,T4区長,T10T12区長,S6区代
3	37	清村剣一	8	19.31	747	8.2	
4	95	吉田辰太郎	8	11.38	393	5.2	
5	110	清村善次郎	8	10.03	447	3.2	T4,T8区代
6	120	吉田純治郎	8	9.72	344	4.2	S8区代、S10区長
7	223	吉田富太郎	8	6.35	281	1.7	T8区代満期,T8区長,T10T12S2区代,S8村議
8	227	片山口次郎	8	6.24	240	2.2	
9	238	清村寅次郎	8	6	241	1.9	S2区長
10	243	清村多作	8	5.92	150	3	
11	273	大谷興四郎	8	5.09	382	0	
12	414	清村みつ	8	3.18	110	0.9	
13	475	板橋喜一郎	8	2.68	166	0	
14	528	吉田三次郎	8	2.29	130	0	
15	547	吉田類蔵	8	2.17	125	0	S14に532番、S10区代,S12区長
16	625	清村利平	8	1.55	57	0.49	
17	642	小暮小次郎	8	1.48	95	0	
18	640	廣田周吉	8	1.48	89	0	
19	773	片山多蔵	8	0.86	0	0.29	
20	790	吉田孝作	8	0.8	0	0.6	
21	831	吉田守衛	8	0.62	0	0.5	S16に753番,S8農事実行組合長,S18区代
22	837	片山米三郎	8	0.59	0	0.19	

1	13	荒牧誠作	9	38.26	1219	21.39	M35区代,T2区代退任,T2T4区長,S18区代
2	18	高橋宗三郎	9	33.78	1060	19	T6T8T10T12区代,T10T14村議,S8村議
3	21	荒牧慶作	9	29.7	1160	13.2	T6T8T10T12区長,S4村議
4	101	高橋雄寿	9	10.62	250	6.4	
5	106	荒牧武十郎	9	10.23	400	3.91	S2区長
6	162	荒牧万多	9	8.13	200	4.33	
7	169	松崎増太郎	9	7.8	400	1.9	
8	187	柿沼喜市	9	7.16	166	4.01	
9	219	荒牧正蔵	9	6.42	151	3.59	S2区代
10	241	川田徳十郎	9	5.94	250	2.04	
11	260	藤川彌三郎	9	5.42	307	0.93	
12	269	石原孝次郎	9	5.19	95	3.01	
13	278	松島倉吉	9	5.05	305	0.24	
14	279	大畠忠作	9	5.03	368	0	
15	283	荒牧亀五郎	9	5	100	2.55	
16	302	高橋義広	9	4.75	0	4.05	
17	314	小川福太郎	9	4.54	200	1.27	
18	354	荒木秀次郎	9	3.85	116	1.7	S4,S6,S8区長

以下56番まで略

1	39	山川浩三郎	10	19.18	636	9.59	収入役
2	67	菊池津三郎	10	15	400	8.73	
3	150	深原今朝一	10	8.54	313	3.98	
4	159	塩原喜久治	10	8.28	185	4.5	S2区代,S4S6区長
5	172	塩原吉三郎	10	7.75	500	1	S14に333番、S8区代,S14区長
6	272	山川口三郎	10	5.13	229	1.51	S4区代
7	317	荻野武一郎	10	4.52	180	1.33	T12区代,S2区長

以下17番まで略

1	29	口木勝治	11	22.58	1176	6.17	T12区長,T14村議,S2区長
2	38	久保田章三郎	11	19.18	465	12.01	M40村議

3	41	星野伊勢次	11	18.64	696	8.55	T2区長退任,T2区長(T3辞職)
4	43	坂庭条吉	11	18.3	750	7.1	T2区代退任,T3星野伊勢次辞職による区長
5	45	久保田清吉	11	18.07	649	7.64	T12区代,S2区代
6	74	星野秋次	11	14.07	450	7.35	S4,S6,S8区長
7	117	須藤熊蔵	11	9.81	168	6.61	T10区長,T10T14S4村議,S14区長
8	118	小保方庄太郎	11	9.78	315	5.14	T5区代(T6辞職),S4S6S8区代,S8S12村議
9	123	山川武治	11	9.6	415	2.43	T5区代満期,T5区長(T6辞職)
10	128	荻野光雄	11	9.27	264	5.14	
11	129	滝沢幸次郎	11	9.23	460	2.65	
12	138	久保田新平	11	8.85	340	3.38	
13	141	□木長治	11	8.82	344	3.43	
14	156	久保田友吉	11	8.34	278	3.61	M35区代,T6村議
15	248	山銅金作	11	5.76	201	2.2	
16	249	新島彌太郎	11	5.76	277	1.31	
17	250	廣田？次	11	5.73	202	2.33	
18	251	穴原晴吉	11	5.7	258	2.08	
19	252	新島喜一	11	5.66	212	2.33	
20	253	高田金次郎	11	5.64	157	3.03	
21	262	坂庭金次郎	11	5.36	220	1.6	
22	265	徳井寅吉	11	5.3	354	0.23	
23	289	坂庭袈裟蔵	11	4.88	220	1.1	T6小保方辞職による区代,T8T10区代
24	294	星野重吉	11	4.84	166	1.59	
25	343	星野幸吉	11	4.01	153	1.4	
26	345	糸井九市	11	4	287	0	
27	351	深須房太郎	11	3.88	153	1.35	
28	358	小林□三郎	11	3.8	204	0.6	
29	388	深須由郎	11	3.41	180	0.6	
30	396	坂庭永太郎	11	3.35	127	1.35	
31	423	星野さわ	11	3.1	160	0.6	
32	462	秋山作太郎	11	2.78	105	1.07	
33	476	星野市郎次	11	2.66	159	0	
34	483	深須清吉	11	2.6	131	0.6	
35	502	星野長太郎	11	2.46	126	0.23	
36	514	星野利三郎	11	2.42	150	0	
37	519	小林喜久治	11	2.35	131	0.23	

38	526	高田茂市	11	2.3	143	0	
39	529	荻野常三郎	11	2.29	115	0.6	
40	567	鈴木善太郎	11	1.99	109	0.23	
41	575	久保田吉太郎	11	1.91	70	0	
42	594	久保田宗三	11	1.79	5	1.35	M17生れ,S14に684,S16に527番,S8農事実行組合長

以下66番まで略

第二章　昭和戦前期における国家官僚の地方政策

——農村経済更生運動を中心として——

はじめに

近代日本は日清戦争・日露戦争の勝利をへて、第一次世界大戦後には世界三大強国の一つにのし上がっていった。それは、「今日我が帝国は世界の一等国として世に誇っている」と、民族の自負心を持つ人間をも作り出したが、多くの国民は一等国という意識とは無縁に、その名とかけ離れた現実の世界に住んでいた。一等国としての地位を得たその時期に、その現実の世界（なかでも農村）では「農村疲弊」、小作問題などが社会的・政治的問題となっていた。このような大正期の農村問題に対する政策について、農林官僚であり、農村経済更生運動の推進役であった小平権一は、次のようにまとめている。

大正年間は僅か十五年間であつたが、我が農業界に於ける諸問題は此の短き期間に於て陸続として勃発し、之に対する我が国の農業政策は明治時代に殆ど之を見ることが出来なかつた程新規の、又規模の大なる、且つ根本的の方策が引き続いて実施せられたのである。将来我が国に於ける農政史を論ずる者も、恐らくは農政史の一大紀元を此の大正時代に置くことと信ずる。又我が国の農村振興の問題も、大正時代程喧しかつたことは、恐らくは明治時代にも又徳川時代にもなかつたと言ひ得る。大正年間の当初に於ては彼の欧州大戦の勃発に因り、一時は農産物の価額、米穀、生糸等の大暴落を来し、之が調節の為めに朝野苦心を重ねた所である。然るに僅か三四年の後には米価の大暴騰を来し、之が救済の為めに国家民間共に之に全力を注いだ。而も彼の不祥事たる米騒動を惹起した。斯くの如きは今日に至るも其の記憶尚ほ新らしき次第である。更に又食糧供給の自給自足を図るが為めに、開墾助成法を制定して、耕地の拡張を図り、或は米穀法を施行して常平制度を復活せしめ、以つて米の数量市価の調節を図る等の政策は皆此の時代に行はれたるものである。又農村振興の徹底を期するが為めに農林省の独立を図りたるも此時代である。或は銀貨改鋳の益金を以つて農村振興資金を設置したるも此の時代である。或は畜産組合法を制定し、或は綿羊の奨励を為し、種羊場を新設し、或は自作農の創設事業を開始たる《ママ》も此の時代である。併し我が農業界に於て、茲に特に高調せねばならぬ問題は、此の時代に於て台頭し来たつた地主小作の問題である。此の小作問題は明治時代に於ては全く経験しなかつた新たなる問題であつて、之が原因の一は農業経済の如何にあると雖も、其の根底に於ては思想問題の影響も或る程度に潜在して居ることを看過することは出来ない。斯くの如く重大なる農村問題の惹起したるは実にこの大正年間であつて、我が農政史を論ずる者は当に此の大正時代に最も力を致し、将来の羅針盤としなくてはならない(1)。

小平の大正年間の農政に関する以上の説明のなかで、小作問題に関しては周知の如く、一九二四（大正一三）年一二月の小作調停法の施行や自作農創設維持事業を通じて、解決にあたろうとしていたことが読みとれる。小作問題は農村の平和を乱すガン的な要素であり、「大正年間の農政問題として後世に最も特色を為すものは当に此の小作問題である(2)」と位置づけられるほどであった。

この小作問題を含めて明治末以後の新しい農村の変化、農村の要求に対応すべく、大正期の農村政策は、「恐らくは農政史の一大紀元を此の大正時代に置く」というほど農政史上一つの画期をなしていた。なお大正年間には町村の財政の窮乏が問題視されていたが[3]、以上のことは近代以後の工業化と都市化と情報化、および帝国主義政策の推進から来る必然的結果でもあった。また、「農村疲弊」、小作問題などの表面的な問題の下では、同時に人の内面の変化が起こっていた。それは、第一に向都熱である。第二に新しい思潮の流入である。そして第三には、経済意識の成長であると思われる。このような農村社会とそれに対応する農村対策を前提としながら、近代日本は世界大恐慌に直面する。

第一次世界大戦に参戦した欧米諸国は、戦後復興を図るために戦時中にもまさる保護政策を採用した。自由貿易の祖、英国は、産業保護法、関税引き上げによって保護主義を強め、一九三二（昭和七）年には英帝国経済会議（オタワ会議）を契機にブロック経済を強め、米国も一九二二、三〇年に大幅な関税引き上げを行った。国際連盟は「一切ノ連盟国ノ通商ニ対スル衡平ナル待遇ヲ確保スル為方法ヲ講スベシ」という規約に基づき、保護政策の撤廃を目的に、一九二二年から三三年まで数度の国際経済会議を開催した。しかし、二九年の恐慌勃発以来、自由競争を基本とする従来の資本主義への信頼感が薄らいでいくなか、欧米列強は国内経済の混乱に伴い、経済ブロックの形成および内向きの政策を一層強めていくのである[4]。

本章が対象とする時期は、世界恐慌に引き続いた満州事変開始から日中戦争に至る時期である。世界恐慌後の昭和戦前期は、世界的な困難の中で、日本が如何にして一等国として生き残っていくのかをめぐって葛藤し、新しい道を模索した時期であった。

ところで、昭和戦前期の官僚の地方政策としては、農村経済更生運動や国民更生運動があげられよう。しかし農村経済更生運動にしても、数多くの地方社会の実態分析がなされているにもかかわらず、官僚側の資料に基づいた官僚の政策意図に関する研究は意外に少ない。現在それを取り上げているものとしては、楠本雅弘氏[5]、高橋泰隆氏[6]、平賀明彦氏[7]の研究がある。ほかには、農村経済更生運動の村落レベルにおける実態から、官僚の政策意図を探る方法を採っているものもある[8]。いずれにせよ、後発近代国家の官僚として、また当時の国力の中でより多くの成果を収めようとした、帝国主義政策の下の官僚としての政策意図が持つ特徴を浮き彫りしていないように思われる。

したがって、本章は、この時期において、日本の国家官僚は日本の国民をどのような方向に導いていこうとしたのか、また日本国民に何を要求しようとしたのかを追求することによって、国家官僚の持つ政策意図から日本近代の特徴の一端を明らかにすることを目的とする。また、これは国家の政策がいかに受容され、定着していくのかをみるための前提となる作業でもある。

第一節　現実の農村への認識

官僚は、昭和戦前期の農村窮乏が起こる原因として、基本的に二つのことを認識していた。つまり「一体農村が非常に困つた病体に陥つたについては、色々原因があるのでありませう。農村だけの内部事情からでなくて、世界経済界の不況といつた外部的な事情も非常に作用してゐることは申すまでもありません[9]」という認識と、

高い教育を受けた者ほど、農村に留まつて農業に従事することを厭ひ、競つて都会に出るやうになる。此の離村都会集中の傾向の著しい上に、我国経済機構に於ける近来の変遷の波には農村としても離れる訳に行かない。さう云ふ事が因となり果となつて、農村を悪い方に導いて行つた所へ、前に述べた如き経済上の窮乏を告げるやうになつた為に、農村の経営が非常に困難になつて来たのである。而も農村の社会状態を見ると、都会のそれに比して懸隔があり過ぎる為に、農村に止まり落着いた農業に従事するよりも、都会に出て派手やかな生活を営んだ

方がましだと云ふ様に考へる者が現はれて、農業に対する自尊心が全く無くなって来た。又農村生活は洵につまらぬと云つて、農村生活に対する自信を失ふようになつて来た(10)。

という認識である。要するに資本主義経済がもたらす世界恐慌、都市と農村間の格差に農村の窮乏の原因があるとみている。しかし官僚が考える農村窮乏を修正していく方針というものは、根本的原因である資本主義経済の打破、脱却の路線ではなかった（官僚としては当然のことであるが）。後述するようにその方針とは、農村内部の矛盾や、ただ単に市場での取引上の不利を是正していく方向に向けられていたのである。そこでまず、官僚が農村の現状をどのようにみていたのかを整理することによって、政策の意図を明白にしてみることにする。

第一に、官僚は当時の経済社会における農山漁村がおかれた経済的地位を直視していた。小平権一は当時の状況を次のようにみていた。

現代の経済社会は、貨幣経済が極端に迄つき進んで居る。物資が不足して困難するに非ず、又物の生産が尠くて困難するに非ず、物の生産が多すぎて困難して居るのである。言葉を換へて言へば、「生産物が貨幣に転換する場合に於て、適当に換貨せられない点に禍根が存在」している。ところが、「農山漁村経済は、其の内部の組織に於ては、此の貨幣経済の突き進んだ一般経済界に対しては、あまりに遠ざかつた機構を有して居る」。すなわち「農家の生産物、漁家の魚獲物炭やき業のやいたる炭の如き零細なる生産物に付ては、個々の生産者自らは、其の価額に付ては、何等の決定力を有つて居らない」。それのみならず、さらに「我が国の農山漁家は、実に零細なるものであって、其の平均耕作面積は一町歩に過ぎない。其れを全部水田としても、四百圓乃至五百圓の粗収入があるのみ」であったとみる。それなのに「一方一般経済界に於ては、益々企業の合同、統制が行はれ、農山漁村に供給せらるゝ物資の生産は、実に大規模組織に依り統制せられ、或は進んで其の供給価格も統制せられて来る」。したがって、農家の経済は大産業組織の機構に比すれば、「恰も大海の一粟だにも過ぎない」。さらに「農山漁村の経済は、一般産業経済の発達するに従つて、益々其の領域を縮小せられて居る。例へば人造藍の発達に依り其の自由輸入に依り作物たる藍は全然消失し棉花の自由輸入に依り、内地作物たる棉花は之れ全く其の跡を絶ち、紡績業の発達に依り、農家の手織の工業は全く其の跡を絶つた。其の他各方面に於て農山漁村経済は次第に縮小しつゝある。(11)

要するに、農村経済の根本的な欠陥は、市場を前提とした貨幣経済に基づく一般経済界に適していないことや、資本の集中・経済への統制が進行するのに対して、「恰も大海の一粟だにも過ぎない」零細なる個別的な農民生産、産業化の進展による農村の経済活動の縮小・再編にあった。なるほど農業社会から明治維新以後の工業化による産業社会の進展は、都市化と市場経済の成長をもたらし、農民にも所得の増大と生活水準の向上をもたらしたが、他産業より農業成長が遅れたことにより、経済的にも文化的にも相対的な貧困感があった。ところが、このような状態を是正するために官僚はどのような方策を考えたのだろうか。

第二に、官僚は是正の方法として農村内部の欠陥を強く指摘し続けた。

農産物殊に米価の下落は農家に取つては非常なる苦痛であつて、之が為めに農家経済の脅威を被むること実に著しきものあるは云ふを待たない。国家は之が為めにあらゆる努力を傾注しなくてはならない。米穀法の如きも又農業倉庫の如きも、又産業組合の如きも之れが為めに設けられたる機関であつて、農家は当に之等の機関を充分利用するの権利があり、又義務があるのである。〔略〕併し乍ら此の如き農産物の販売系統を改善し其の価額を維持するの大事業は、国家の力のみを以て農家の要求する程度迄に、農家の為めに有利ならしむることは困難であつて、農家は国家の施設と相俟つて、自ら奮起し奮闘しなくてはならない。大いに自覚する所がなくてはならない。〔略〕尚述ぶれば、農家が自力に依り、自覚に依り、改善し得べき事項は以上の外実に多様多岐であるが、以上の農産物販売の改善、肥料購買の改善、商店信用よりの開放は、現下の農村状態に直面して当に農家の奮起すべき一大要目である。之が為めには、先づ以て農家自身の正直を資本化するの方法を攻究し、小産者、無産者の正直を以て、一大信用を起さなくてはならない。国家は国家として、農村振興上大に努力すべき任務がある。去り乍ら農家は農家として他力主義をすて、大いに自力に依り、国家の施設と相俟つて大いに奮闘努力する所がなくてはならない。獨逸農民の奮闘努力は当に其の範とするに足る。之が為めには、農家はあらゆる努力と共に、知識と工風とを傾注しなくてはならない。知識の足らざる者は近時の如き全世界を通じて襲来し来つて居る大不況時代に直面しては、勢ひ落伍せざるを得ない。今の時勢に於ては何事も智恵をめぐらさなくてはならない。然るに今も昔の改良せられざる頼母子講の如きものが、我が農村全体を通じて二十萬以上にも達して居るのを見れば、如何にも農村に物の改良に対する勇気と知識が足りないことを感ずるのである。要之に今や我が農村は重大なる時機に直面して居り、此の機会に大いに奮闘努力を要するものと信ずる(12)

これは、小平権一が一九二九年に書いた意見書である。一九二九年の世界大恐慌は、三〇年、三一年の農業恐慌を伴い、この恐慌の対策として農村経済更生運動が行われたことは周知の事実である。経済更生運動の政策樹立の過程についてはすでに前掲の楠本氏、高橋氏の研究があるが、ただ指摘しておきたいことは後の更生運動の基本骨格となるものがすでに一九二九年にみられることである。

すなわち、自力主義、産業組合利用などは小平の論であり、経済更生運動は、前時期の政策と方針を基盤にしていたことは明らかである。ともかく小平の農民・農村観には、上記の如く、自力主義の欠如、「物の改良に対する勇気と知識が足りない」との認識があった。上記の農村経済の欠陥を自力によって是正するには、「農山漁家等零細の産業者の唯一の産業経済の機関たる産業組合の発達充実より外には、その方法がないと信ずる」[13]と思っていても、それを推進すべき農村ではそれをやれる勇気と知識が不足し、また自力によってそれを実行する積極性に欠けていることを認識していた。

このような認識は小平一人のものではないが、農村経済の関係者は、農村経済が市場を相手にした商品生産に基盤をおいている限り、他産業の生産物との市場価額の差があって農村の方が不利であったとしても、「商品生産が不利なら昔のように自給自足の経済に立ち帰ったらよさそうに思いますが、そうは出来ないこと」[14]を充分承知していた。したがって、市場での不利な取引が問題であるとみていたものの、その一方で農村内部に問題があることをも指摘する。

生産制限によつて価格を維持するといふことの善し悪しは別としまして、右に揚げた例によつて、農民でもやれば出来るのに無統制の結果、取引上の不利を受けてゐることを知ることが出来ると思ひます。無組織、無統制が根因であります。しからば何故に農民には組織統制ができ難いか。農民も工業家も商品生産をしてゐるのに、一方は統制が行はれ易く、一方は行はれ難いのは、単に精神の問題ではありません。私は物質的理由であると思ひます。それは工業に於て生産が集中され、従つて之に従事し得るものは大なる資力を有するものに限られるといふ事情に他なりません。工業家は屡々会合して協定を遂げることが出来るのであります。之に反して農民は、実際に生産に従事してゐる者が会合するといふことは事実上不可能であり、假令不賣同盟などをしようとしても、その日の生活に逐はれてゐる多数の貧農を包含してゐるので、協定はその内部から崩壊せざるを得ません。言葉を換へれば、農民は統制を齎すべき物質的根拠を欠いてゐるのであります。ですから止むを得ないとも言ふことができるのであります。しかして経済更生計画で協同の精神を高調するのもこのためです。物質的根拠が欠けてゐるから精神で補ふというのであります。販売の統制などはこの精神だけで余程力があります。農民が組織を有たないのは結局一人一人の農民の力が不足だからというふうことを申しました(15)。

ここでは農民の無組織・無統制を問題にしているが、それのみではなく、既存の村落内の生産および流通機構の無統制にも問題があった。一九三二年一一月、農村経済更生中央委員会で福沢泰江委員が、

今日迄色々ナ団体ガ非常ニ多クナリマシテ、其団体ガ町村ノ中ニ不統制ニ仕事ヲシテ居タコトハ事実デアツテ、之ヲ適当ニ統制シテ行クト云フコトガ此統制計画ヲ樹テル上ニ大事ナコトデアリ、又実行スルニ大切ナコトデアリマス。今日迄町村ガ余リ経済生活ノ問題ヲ取扱ハズニ居リマシタガ、何トカシテ町村ガ経済生活ノ機関ヲ作ツテ呉レルト言フコトハ、或ハ農会ノ仕事、産業組合ノ仕事ヲ阻害シテ行クヤウナコトガ動モスルトアルノデアリマスガ、サウデナイノデアリマス(16)

と述べたことからも団体の無統制を読みとれよう。

また、村落内の葛藤を起こす政治運動、村落内部対立が問題であり、それが団体の無統制にもつながるし、村落をバラバラの姿にしているとみていた。農村更生協会主事国枝益二は次のように述べる。

農村自身の内部にあつても亦相当欠陥があつたのであります。これらの欠陥が積り積つて、斯様に重患者の形となつたのであります。そしてこの重患者の症状として、私共の最も眼についたのは、農村の計画的でない、組織

的でない、全く行き当たりばつたりの、バラバラの姿であつたのであります。もとを糺せば、吾国の農村は昔から お互ひに助け合ひ、融通し合ひ、お互ひに喜びもし、悲しみも共にするといふ極めて美はしい習俗、所謂隣保共助の精神で固められた一つの立派な協同的有機体であつたのであります。それが一般社会経済の大きな波の中に、織り込まれ、もまれ、弄ばれていつの間にかこれらの美はしい習俗、精神を忘れ去つて、段々と色々の悪い病気に患つてしまつたのであります。例へば、村民のために善れかしと希ひ、努力すべき立場にある村の幹部が、村民とは全く無関係に、お互ひに喧嘩をしてみたり、勢力を張り合つたり、政党に分れたり、非道いのになれば村民を食ひものにしたりする。村民のためにある村の各種の団体の幹部が、その職の奪ひ合ひに奔命したり、金を使ひ込んで見たり、自分の勢力に之を使はうとしたり、或は仕事の奪ひ合ひをして見たり、色々と話にならぬ様なことが平気で行はれるのであります。

ところで、村の幹部の対立や紛争により生ずる軋轢に対して村民の方はどうであるかというと、「村民は又村民で、無知な、だらしのない生活に甘んじて一向に努力もせず、研究もせず、第一一般社会経済の動きに対応して自らを守るべき方策について全く無関心であつたりする」と、農民を無知な、現状安住的な姿として捉える[17]。山形県立国民高等学校長西垣喜代次も、「率直に申せば、一般農民は永年の因襲に捉はれて研究改善の弾力性を失つて居ます。それに重なる不況に萎縮して、悲嗚と歎願に没頭して居ます。剰へ頑迷で、利己的で、目前の小利に汲々たる有様でありま す。かゝる人々であるからこそ更生策も必要と云へませうが、実行を迫り実効を期待する差当りの相手方としては頗る不向きであると申されます[18]」と農民の無気力、利己主義を批判する。要するに、「村の幹部も、村民も無自覚、無反省で各自テンデンバラバラの状態[19]」であると捉えていたのである。

以上からみて、さきに一つ指摘しておきたいことは、農村経済更生運動の推進関係者にとって政策が成功するためには、政策を受け入れるべき農村の組織を、かっちりと組み立てなければならないことである。そしてそのためには、まず「この際一大警鐘を打つて、村の幹部も、村民も皆置き忘れた農民魂も取り戻し、反省し、自奮自励して、相協力[20]」することが必要であった。その点は小平が、「苟くも村全体の更生を前にして村に紛争対立があつてはならないことは言ふまでもない。更生村は何れも従来の小作争議、党争、私怨等を解消して、先づ人心の和が図られつゝある[21]」という更生運動への評価をしていることからもそれをよみとれよう。この「農民魂」「自奮自励」「相協力」によって「各自テンデンバラバラの状態」を克服し、統制ある組織にしっかり建て直すことができる。ここにおいてはじめて、各種の政策内容もその本来の価値を発揮し得て、農村全体が生き生きとした活気ある農村に立ち直ることができると小平は考えていたのである。

経済更生運動は、実にこの意味において所謂自力更生の名と共に産まれ唱えられるに至ったのであった。したがって、自力主義ではなく、他力主義に傾くことについては批判的であった。一九三四年三月の農村経済更生中央委員会で小平が更生運動の効果として、

町村当局ノ活動ト云フモノガ特ニ経済更生指定村ニナツタガ為ニ著シイ例ガ多々アルノデアリマス、或地方デハ県庁へ今マデ町村長ガ陳情ニ来タノガスツカリ止ンデシマツタト云フ県モアルノデアリマス、町村長其ノ他町村当局ガ経済更生ニ非常ニ趣味ヲ感ジテ、今迄ノ無駄ナ陳情運動トカ、政治的運動ハ町村ノ更生ニナラヌト云フコトカラ、寧ロサウ云フコトハ止メテ、振興ノ方ニ一生懸命ニナルト云フ傾向ガ現ハレテ来テ居ルノデアリマス[22]

と述べていることから、他力主義的な官僚や政治家への陳情運動、政治運動に否定的な見解を持っていたのが窺われよう。小平の狙いは官僚や政治家への陳情運動・政治運動のみならず、従来の村落内の小作争議、党争、私怨などが

なく、どの階層、どの職業の人でも自分の郷土を愛し、協力する理想的な農村を建設しようとしたところにあった。[23] 官僚への要求や村落内での対立の代わりに、和合して自力で自分の村落の振興に励むことを望んでいたのである。[24]

さらに、小平は農村の保守的な現状を批判的にとらえている。彼は前述したように、「今も昔の改良せられざる頼母子講の如きもの」、冠婚葬祭などに対して生活改善をしようとする「如何にも農村に物の改良に対する勇気と知識が足りない」との認識をしていた。また当時の内務省社会局書記官長谷川透は、社交儀礼における「弊風」の打破を取り上げている。[25] さらに近藤康男は、息子の農業の新しい経営などを拒む頑固な父親に対して、「封建的考へ」という言葉を使いながら、「青年を徒に昔の若衆の状態に置くことは時代が許してくれません」という。そして続いて次のように農村の保守的要素を辛辣に攻撃する。

青年が新しい試みをしようとするのを妨げるのは、農村が永い圧迫の下にあつた結果出来上がつたところの保守的精神であります。この保守的精神は凡ゆる問題に関連して発露され、経済更生計画が実を結ぶことに対して障碍になつてゐる場合が多いと思ひます。保守的と言ひますと誰しも自分は進歩的であつて保守的ではないと考へてゐますでせうが、具体的な問題に対する考へとしてこれが現はれるのであります。例へば近年農村の工業化といふことが、喧しく言はれて参りました。〔略〕これは一つの避くべからざる傾向でありますが、これに対して極力反対する人があります。その反対の理由は工場ができると風儀を悪くするとか、村に金が落ちると反つて金を使ふ途を覚えて悪いとか、要するに農村の平和を乱す惧があるといふのが主なるものであると思ひますが、たゞこれだけでは要するにそれは保守的思想の発露であります。殊に東北地方の村の有力者にかゝる考への人が多いと思ひます。[26]

農村の工業化に対して工業化を都市文明の要素として考え、人間の堕落化、精神の軟弱化、あるいは隣保共助的な村落社会の平和の紊乱などの観点から批判的であった人々は、在野の農本主義者に多かった。彼らか彼らの論理に影響された農村内の人々を「保守的思想の発露」と批判してから、続いてその反対の理由をその人々の経済的基盤を持って説明しようとする。反対の人々の階層について「そもそも農村で現状維持を主張するのは地主や商人などでありま す。米屋と肥料商を兼ね、炭問屋にして呉服雑貨商と高利貸とを兼ね、或は醸造業者にして地主たる有力者」と村落の経済を支配する大地主を設定する。彼らは「むしろ自己の周りの多くの農民が貧困で手も足も出ない状態の方を好むものであります。貧困な者程廉くても売り放ち、酷な条件で借金をせざるを得ないからであります。勤労農民の協同組織による自助的事業は事毎に彼等の村に於ける特権的存在と衝突しますから無意識の裡に之を阻害します」という特権的存在であった。したがって、一般農民が富を手に入れるためには保守的、現状維持的、特権的な彼らと対抗して経済の利益を獲得するようにと呼びかけている。

産業組合などについても同じであります。産業組合は農村の経済更生では主役を演じなければならないものの一つでありますのに、従来の産業組合は信用組合本位で、信用組合は組合員の相互扶助とは言ひ條、有産者の利殖機関となり、又例へば信用組合を経て農村へ供給される低利資金は地方金利を低めるに役立たず、反つて高利貸の資金を豊富にする役を演ずる場合すらあるやうであります。購買事業や販売事業を産業組合などの組織でやり、病院を農民が自らもつといふことは非常な強味になることは誰しも認めるでせう。こういふものが総て完全に農民の掌中で運転する良い例を示してゐる農村の例は決して尠くないのであります。

かゝる村に於ては一方に於ては商業上の利益が農民の手に帰すると同時に、前述した農村工業化と共に多くの職を農村民が得ることになります(27)。

農民の経済更生の観点から、経済更生に支障となる村落内の経済的な有力者（地主であり、米穀商などの商人であり、高利貸を兼ねる存在）をおそれず、現状打破的な産業組合運動、農村工業化などを積極的に進めることを呼びかけていた。

いままでみてきた農村の現実に対する官僚や更生運動関係者の認識を整理すると、明治維新以後の資本主義的商工業の進展は、農村経済の相対的な窮乏をもたらし、零細な個別的生産を基盤とする農村社会は、市場経済において不利な立場におかれていたことがわかる。したがって、国家の基本である農村がこのような状態から脱却するためには、統制ある組織をがっちりと建てなければならなかったのである。しかし農村の実態は「隣保共助の精神で固められた一つの立派な協同的有機体」と理想化された像から、一般社会経済の大きな波の中に崩れて「テンデンバラバラ」の状態になりつつあった。

農業に対する自尊心、農村生活に対する自信を失って、離村都市集中の傾向が起こる一方、村落内部は小作争議、党争、私怨などの紛争・対立にみまわれており、農民は利己的で目前の小利に汲々たる有様であった。また永年の因襲にとらわれて研究改善の弾力性を失って、物の改良に対する勇気と知識が足りず、無知な、だらしのない生活に甘じていると、官僚の目に映った。そのため、不況などの問題が起こると、政府頼りの他力主義に走る傾向が強かったのである。

このような認識のもとでは、当時の斉藤内閣の内務大臣山本達雄が、「今日、国民に於て、若し消極退嬰、徒に政府の施設のみに頼り、自主自力の気迫を欠如しましたならば、假令巨額の匡救資金が支出せられましても、それは畢竟一時の空景気に止まり、都市も、農村も愈々衰退の一途を辿る外ありますまい。自ら歩まんとする誠意なき者には、歩行の器具を與ふるも無駄でありま す[28]」という見解を示すことになる。また国枝益二も、「斯様に村の幹部も、村民も無自覚、無反省で各自テンデンバラバラの状態で、その間に何等の統制組織もない処へ、国家がいくら金を出してみたって、まるで笊に水を注ぐ様なもの」であると否定的な見解を示している。したがって、農村経済更生運動を通じて、以上のような自力更生による「村の根本的な建て直し」を目指していくことになるが、以下その内容を更生運動の論理構造と具体的な政策を検討することによって明らかにしていく。

第二節　国難克服の論理

農村経済更生運動は世界恐慌、それに引き続く五・一五事件、恐慌を基底とする農民の諸動向などの社会不安を背景に生まれた。周知のごとく、第六三救農臨時議会の決定に基づいた農村救済対策の五つの対策のうち、「経済更生に関する施設」を実施するため、一九三二（昭和七）年九月二七日、農林省に「経済更生部」が新設され、一〇月六日には更生計画に関する大臣訓令が出された。

経済更生部は、農山漁村の「経済更生計画」に関するすべての方策を担当することになり、さし当たって一九三二年度の追加予算を計上して、各種の施策を実施することになった。一方、この執行部の新設とともに、農村経済更生に関する重要事項を調査審議するため、農林大臣が監督し、かつその諮問に応ずる「農村経済更生中央委員会」（会長は農林大臣）が設置された。このような審議と執行を担当する二つの中央機関を中心として、経済更生運動が開始されるのである。そしてそれにともなって一方では、中央の内務省、文部省および半官半民の団体である帝国農会、産業組合中央会、全国養蚕組合連合会、中央畜産会、帝国水産会、大日本水産会、大日本山林会等々がこの運動に対する協力態勢を整えてゆく。

内務省は農林省の経済更生運動の開始に先んじて国民自力更生運動を開始し、一九三二年九月五日、「内務省計画要綱」を地方長官あてに訓令していた。社会不安を背景に更生運動が開始されたので、それは「実に農村経済更生運動の究極の目標は農家の収入支出の均衡を図って赤字経済を黒字にし、累積せる負債を整理し且つ将来に於いて不合理なる負債の発生せざるやう防止することにある[29]」というような運動であるばかりではなく、国家意識を強調して、農民に自負心を与えながら、農民から政策実現のための強力なエネルギーを引き出そうとするものであった。一九三二年当時の社会局書記官長谷川透の次の説明は、国民更生運動が国内、国外的背景のなかで、なぜ必要であるのかを示している。

我国は今や国内に於ても対外的に於ても非常な国難に際会して居る。経済界の久しきに亘る深刻なる不況の為各種の産業は不振の状況に在る。農山漁村に於ては生産物の値下り、負債の重圧等の為極度の疲弊に陥り、都市には失業者満ちその日の生活に窮する者も多く、之等の原因は更に相俟つて一般購買力の非常な減少となり、中小の商工業も甚しい苦境に陥つてゐる。啻に国内的に各方面が苦んでゐるのみならず、対外的には満州問題、国際連盟の問題等の為極めて注意すべき事態が生じつゝある。正に内憂外患一時に来れる状況に在り、此難局を打開して我国運の進展を計り、新興日本の鞏固なる基礎を築き上げんが為には、官民一致協力、異常なる緊張努力を以て事に当らなければならない時である。〔略〕政府は今回農山漁村、中小商工業の救済及び失業救済等の為各種の施設を行ふことゝしたのであるが、今日真に此の難局を打開し、時局匡救の目的を達成し、更に進んでは内外に我国運の進張を期するが為には、之のみを以て足れりとしないのであつて、否寧ろ尚一層重要なるは国民自ら自奮自励し、積極敢為の精神と新興の鋭気とを以て自力更生の道を図ることが肝要であつて国民自身に此の気魄あるに非ざる限り、国家凡百の施設も其の効果を十分に挙ぐること寧ろ困難なりと言はねばならぬ。此の趣旨に依り政府は関係各省相協力し、関係各種民間団体とも提携して官民一致国民更生の運動を起こすことゝしたのである[30]。

「国難」と表現された内憂外患の内容は、国内的には不況による産業の不振、農山漁村や都市の窮乏、それに一般購買力の減少などであり、対外的には満州事変による列強との緊張関係であった。この国難を打開して国運のさらなる進展を図り、新興日本の基礎を確立することが国民更生運動の目標であり、国民への要求であった。以上のようなことからも、更生運動を成功させるために、国民へ自力更生の自覚を強調していることが理解できよう。そして国難を打開して新興日本の基礎を築き挙げるべく、実行項目について、

其の実行項目の内容は固より各地方の実際の事情に適合するものを選ぶべきであつて、画一的に之を定めることを得ないのであるが、農家経営の総合的改善、作業の共同化、物資の共同購入、生産品の共同販売等に関する計画、負債整理に関する計画、地方団体又は組合等の財政を確立する計画、社交儀礼に於ける弊風の打開、其の他消費の合理化に関する申合せ等、適宜其の地方に適したる具体的の目標を揚げ、実行を旨とすべき

であると述べている。実行項目として「地方団体又は組合等の財政の確立[31]」を取り上げていることが内務官僚としての面を現しているが、国難を打開して国運のさらなる進展を図り、日本国家の基礎を確立するという国家目標は農林官僚においても同じであった。小平権一は報徳思想と農村経済更生運動との関連性について語るなかで、

二宮翁は、廃家を起し衰村を復興するに止まらず、国家盛衰の根元を明にし、興国安民の大道を説かれた。而して農村更生運動も亦、個々の農山漁家は勿論、一部落より一村へ、一村より一地方へ、一地方より全国的に其の

経済の根本的建て直しを断行し、以て我が国家の永遠に動かざる基礎を確立せんとするものである。〔略〕二宮翁の思想と実行の跡とは、〔略〕独り農山漁村経済更生のみならず、我国現下の実情に鑑み、曠古の難局を打開し、国運の発展隆昌を期する上に於ても大なる力となるであらう(32)。

と述べている。また一九三六年には、「今や内外共に多事であつて、国民は協力一致以て時局を切りぬけねばならない。この秋に当つて、農山漁村としては各々その分担に応じ、最善を尽して、村の建直しを断行し以て国民経済の基礎を固め動かざる国家の礎となることが、一は農山漁村自体のためであり、一は農山漁村が国家に奉公する所以であると信ずる(33)」と言っていることからも、更生運動の国家目標がどこにあったのかが読みとれよう。

限られた国家財源のもとに国民に自力更生を要求し、それを基盤にして国難を打開して国運のさらなる進展を図り、日本の基礎を確立しようとすれば、当然のことであるが国民に強い愛国心がなければならない。斉藤内閣の内務大臣山本達雄は、

今日に於ける農山漁家及び中小商工業者の窮乏は、其の由て来る所既に久しく、決して単なる一時的の現象ではないのでありますから、独り政府の施設のみを以ては、到底此の難関を突破し得るものではないと考へます。即ち国民全般が内外の情勢と国難の実相とを究明して、自奮自励、以て生活の一新を画策すると共に、公共奉仕の精神を発揮し、愛国的熱情と信念とを以て、挙国一心、此の難局打開に邁進することが絶対的に必要であると信ずるのであります(34)。

と強調し、自力主義と愛国的情熱とを結びつけていた。その一方で国難克服の外国の例を取り上げ、国民から自力的

エネルギーを引き出そうとしたのである。

小平はかつて一九二九年段階で第一次世界大戦後の世界を、「大戦争の後に於て、国民の先ず以て直面する困難は、一大不況が襲来し、国民の負債と負担が、激増すること」、「産業の不振・不景気は、今や大戦争後の全世界を風靡せる一大潮流であって、各国に於ても此の不景気になやませられて居るが、殊に農産物の下落は、全世界を通じて起こって居る現象」であると捉える。そして戦勝国のフランスにおいてさえ「非常なる困難」におちいっているのであるから、敗戦国のドイツは想像に余る困難を受けたという。

つまり「独逸はドーズ案に定まりたる所に依り、昨年九月迄には二十五億金貨馬克を支払ったのである。此の支払は、目下獨逸国民の最も重き負担となって居る次第であって、之が為め国民の年支払ふべき負担も決して少なくない。〔略〕戦後農産物の下落、馬克相場の大暴落に依り、負債は忽ちにして増加」し、困難な状態に直面した。しかし重要なことはこのような困難に対し、敗戦国の農民としてドイツの農民がその難局を克服していく奮闘努力の姿であった。そして獨逸農民の努力は第一に特殊な農業に力を入れたことと、産業組合の非常なる発達である。「大いに研究に値する」ものであり、「獨逸農民の奮闘努力は当に共の範とするに足る」ものであった[35]。結論的には、自力更生を強調したものであったが、注目されることは敗戦国ドイツの国民の奮闘をとりあげ、それによって国力を回復していく姿を唱えたことである。石黒忠篤も彼の農政談で次のように回顧している。

農村をほんとうにたてなおすためには、農民が農民としての自覚をもつような、農民精神作興の教育が先行するのでなければならない。〔略〕那須皓君の『北欧の農民文明と丁抹の国民高等学校』が、たいへんいい著書で、これが、私の農村教育の根本精神に入っている。ドイツとのたたかいにやぶれたデンマークが、銃で失ったものを鍬でとりかえそうと努力した教育、これが日本農村にもとり入れたかったのだ。「余の生存中にユーランの荒地を化して、サフランの花咲く沃野となさんと」と、モミの木を植えて防風林をつくったダルガスの一党や、北欧的精神にもとづく祖国愛を強調して、国民の意気と教育を高めたグルントウィ僧正の創始した国民高等学校の生徒たちが国の復興に大努力したのであった。いわゆる農民道場（修錬農場）はその主旨を採り入れてできたのである[36]。

これは石黒が敗戦国のデンマークの国民の例を取り上げ、祖国愛に基づいた農民としての国難克服の努力に注目し、それを利用して日本農民の啓蒙をはかろうとした内容である。

以上のことから、日本の国民としての農民に対して求められているものは、祖国愛に基づいた自力主義によって村落の経済の根本的建て直しを断行することであり、これによって国難を打開して、国運のさらなる進展を期するための日本国家の基礎を確立しようとしたのである。したがって、国家が農民に求めたのは「経済」の更生のみではなかった。祖国日本の発展のために農民としての役割のもう一つの側面について、石黒は次のようにいう。

今日の農民道場運動を目して、懐古的時代逆行の封建的運動なりと誹謗するものがある。彼等に対し吾等は、然らば今日の世相、この濁流、この汚穢を如何にして治すべきかと聞きたい。此の質問に対し彼等は社会主義と答え、極端なるものは共産主義と答う。しかし此の答は時弊を治するにあらずして国家を破壊する物であろう。日本精神こそ我国の正道であり、唯一の汚濁清澄の道である。日本精神とは農民精神の作興であり、農民道場に於ける実習訓練は農民精神作興の手段であり、道場教育の本体は実に此処に存するのである。農業は資本主義の悪より取残されたる聖地である。吾々は此の聖地に於て、資本主義の悪を除き、農家、部落、村へと此の理想を進め、引いては社会、国家へと進展せしめたい念願である。日本精神とは、天皇を頂く所謂一君万民の精神に基づき全国民による相助協同団体の理想実現を基調とするものでなければならない。日本民族発展の為に、自利を考えず、協同体発展の為に農に勤む此の境地を何処までも発展せしめる、是が真の農民精神であり、日本精神の具現である。〔略〕米国に於ても、機械文明より目醒めて、人間本来の姿に立帰えらんとしているのではないか。(37)

要するに、資本主義の悪を取り除いて、日本精神を具現することを農民に求めていたのである。しかし、ここでいう資本主義の悪の除去とは資本主義体制の否定ではなく、資本主義がもたらした「自利」本位（当時の言葉では個人主義、営利主義といえよう）を、日本精神によって修正していくことであった。

さらに、村落の経済の根本的建て直しのためには、市場経済における取引上の不利益是正が必要で、産業組合の組織によって資本主義経済を統制しようとしたことを指摘しておく。石黒忠篤が、一九三四年一月に刊行された『農林行政』において、

世界を通じて恐慌の渦中に在る今日、夫れより脱する更生策は統制経済、計画経済以外に之を求め得ないと言われている。彼の自由一点張りであった米国の昨日は如何にして居るかを注意した丈でも、思半に過ぎるものであろう。併し専ら問題は、其の統制、計画は何人に依って如何に行われるかに在る。統制経済といっても、我々は毫も資本家の損傷を農民に転嫁するが如き仕事を一層効果的ならしむる様な統制経済を意味するのではなく、寧ろ今日農村更生計画の基調として、農林当局に依り指導奨励せられ居る所の協同組合主義に順応するものの如き商工業の統制せられる事を待望するのである(38)

と述べていることはそれを裏付けよう。

ここで統制経済と農村経済更生運動との関わりについて述べておこう。石黒が上記の引用文で指摘しているように、また、農林行政に深く関わっていた東京帝国大学農学部教授矢作栄蔵が、

今日の不景気は世界的であつて、まだ何れの国も安心の出来るやうな経済状態になつて居らぬ。欧州大戦以来生産過剰の国が頗る多く、生産業者は皆事業の一部を縮小し、失業者を多数出して困つて居り、金融は非常に梗塞して居る国が多い。近頃では資本主義の経済組織は終末に近づいたのではないかと言ふ者が中々ある(39)

と述べているように、資本主義に対して統制経済を主張する者が増えていた。実際に金融恐慌(一九二七年三月)と、それに続く世界恐慌(一九二九年一〇月)により、国内経済の混乱と、世界経済のブロック化が進むなか、ソ連は第一次五ケ年計画を実行に移し(一九二八年一〇月)、その「成功」が報じられていた。こうした中でもはや従来の形での資本主義は経済制度としての信頼を失い、国家による経済統制(資源配分を国家がコントロールする)が世界各国で指向されるようになった。

このような風潮は日本にもおよび、一九三〇年代に入ると経済論壇で統制経済論が盛んとなっていたのであるから、当然日本もそれに影響されないわけにはいかない。石黒は、

近代国家の特色は一国文化の開発に重きを置き、その為には種々の施設を為し、補助奨励を行うは勿論、必要の場合には之に反して私人の自由を制限し、又は其の経営を禁止し、官公営を以て之を行うが如き処に迄其の行政が推し進んで行く事に在る。我国の農林行政に於いては前編に詳述せるが如き沿革的及び必然的発達の結果、強度の集権主義が行われて居るが、今や其の特質は近代国家の右の色彩と相合して、其の文化的、保育的側面を加

重し来ったのである。〔略〕我々は其処に我国農林行政が他の行政に比べて一歩進んだ地位に在ることを見た。素より斯かる農林行政の進んだ地位は現在社会制度における農林業の他業に比しての不有利性にも基づくものである事は否まないが、又其の故に農林行政は将来国家の行政様式を暗示するが如き地位を現に占めて居ると見ることが出来る。(40)

と、まず農林行政が近代国家の特色である強い集権主義的な性格を持っていることを述べる。それは当時いわれていた統制経済、計画経済の性格をすでに持っているということであり、また彼にとって望ましい統制経済の方向とは農村更生計画において指導奨励している協同組合の拡大・発展と、集権的国家との密着による「国家協同組合主義ともいうべき新体制」のことであった。

しかしここで一つ指摘しておきたいことは、当時は農村経済更生運動に統制経済の意味を付与しようとしているにすぎず、全面的に統制経済理論から出発した農政論ではなかったことである。「石黒農政」の最高のブレインの一人であった那須皓が、経済更生運動のさなかの一九三四年、

只今米国に於きましては『アグリカルチュアル・アヂヤストメント・アクト』に依って農業に対してかなり大掛かりに働き掛けて居ります。又露西亜に於きましては、産業五箇年計画の中に於いて農業に対して働き掛けて居りますが、私は之等の米国及び露西亜に於ける計画と並べて、日本に於ける農村経済更生計画というものを挙げて宜しいのではないか。こういう方面に於ける世界に於いての三つの大きな運動の一つであるとまで考えて居る次第(41)

であると経済更生運動を位置づけるのに対して、イタリアのような国家統制を視野に入れている者には物足りなさがあった。矢作栄蔵は、

若し我邦に於て伊太利の如く資本主義経済に国家統制を行ひ、国民が生産事業に従事することを国家的義務と考へ、無駄な競争や軋轢を止め、挙国一致で生産力を高めることに協力したならば、邦家の前途は益々有望で、欧米の先進国を凌駕し得る見込は十分にある。〔略〕誰も知る如く目下農林省に於て経済更生計画を立てて居り、商工省では産業の合理化とか、重要産業の統制とかを行つて居るが、国民全体の有力なる理解がないから、其の行つて居ることは誠に小出しに、余り強烈でない政策を徐々にやつて居るに過ぎない。所が我国は僅か六千萬人の日本人を以て二千萬人の植民地人を指導して居り、今後は進んで三千萬人の同盟国人を指導し、その豊富なる天然資源を我が国経済の発展に利用すると同時に、彼等にも非常な経済上の幸福を與ふべき責務を有する所から考へると、今日の小出式の極く間接的な優しい国家的統制だけでは、此難関を突破することが出来ぬし、我々の得た政治上、経済上の地位も或は外部から危くせられることが無いとも限らぬ(42)

と述べている。

つまり、現在の政治的、経済的地位を維持・確保し、さらなる発展、欧米の先進国を凌駕し得る国力、あるいは「米国を凌駕するやうな経済的発展」を目指すためには、経済更生運動のような「小出式の極く間接的な優しい国家的統制」ではなく、もっと強力な、直接的な国家統制が必要であるという内容からも、農村経済厚生運動が全面的な統制経済を視野に入れて出発した政策ではないことが理解できる。

以上の分析から言えることは、世界恐慌のなかで、経済的困難をそれぞれの方法で克服しようとした国々の動向が

注目され、その国難克服の努力が強調されていたことである。現実の農村を無自覚、自己中心的なものと認識した国家官僚は、経済更生運動にあわない保守的、封建的、対立的な農村の要素を打ち壊し、根本的な村の建て直しを通じて、農村を新日本の建設のための基礎としようとしていた。官僚の目標は、非常時に対応できる体制を確立して「国運の発展隆昌」を図り、新興日本を建設していくところにあった。

つまり現在の強国としての地位を守りながら、さらなる発展（矢作にとっては欧米の先進国を凌駕するという具体的な目標）を策するために、経済更生運動による「経済の根本的建て直しを断行し、以て我が国家の永遠に動かざる基礎を確立せんとするもの」であった。そのために「日本民族発展の為に、自利を考えず、協同体発展の為に農に勤む此の境地を何処までも発展せしめる」姿勢が必要であった。そして更生運動の基本精神は、自力主義によって祖国のために社会の濁流、資本主義の悪を除き、我々の誇るべき日本精神をもって、農村を建設していくのだという意気を農民が持ち、日本を建設していくということであった。自力主義、祖国愛、国難克服などがセットになっている論理であった。

つまり、その目的は、「経済」の更生運動に止まらないものと言える。以上の大きな課題を達成するために必要になってくるのが、隣保共助の精神、つまり協同精神であった。

第三節　隣保共助の精神

前述したように、官僚にとって経済更生を妨げる共同体的関係の伝統的要素（たとえば頼母子講、冠婚葬祭、社交）は是正すべきであった。また村にある保守的、封建的要素を打破することが要求された。しかしながら他方では、理想的な共同体的秩序の表現である協同精神つまり「隣保共助」の精神を強調している。農村更生協会主事杉野忠夫が、

「隣保共助と云ふ、部落の再建と云ふ、農道復興と云ふ、或は報徳主義の鼓吹と云ふ昔乍らの生活様式と原理とを背景とした思想が更生運動の底流を成して来て居ります[43]」とし、石黒が「こうして農村更生協会長として、私は農村の経済更生、農民精神の作興、とくに負債整理組合の仕事に打ちこんで行った。二宮尊徳翁の勤勉、分度、推譲の教訓や、石川理紀之助翁の適産調べから、根本的な村のたてなおし運動が、私の道しるべとなった[44]」と述べていることから、経済更生に必要なものなら昔のものでも理想化し、または現在に符合するように解釈を変えつつ更生運動の土台としていることが窺われる。

根本的な村建て直しを通じて国運を発展させなければならないとする国家官僚にとってみれば、農村内部が「バラバラ」の姿になっているという認識のもとでは、「隣保共助」の精神を何よりも国民の間に徹底させなければならないと考えたのは、当然のことであった。

それでは、「隣保共助」の精神が具体的になぜ必要であったかを整理することにしよう。まず小平権一は「隣保共助」の精神について、

二宮翁は畢世人に教ふるに徳に報いるの途を以てし、道徳と経済の調和を強調し、而かも之を実行された。今回の農村経済更生が、我国固有の美風たる隣保共助の精神を経済生活の上に活用し、以て農村の更生を図らんとするのは、この道徳と経済の調和を基調としたものと観ることが出来る。この隣保共助といふことは、自分さへ都合が好ければ他は如何でも構はぬといふやうな利己的妄動とは大に趣を異にする。又左様なことでは農村の更生は期し得られない。今日の時勢に於ては個々の力を以ては成し得ない事が多い。どうしても隣保相助け、協力一致して其の経済を更生しなければならぬ[45]

という。この引用文から隣保共助の精神は協同精神と同じ意味で使われていること、また、ここでいう「道徳」とは隣保共助の精神を指していることがわかる。その必要性については一九三六年に次のようにいう。

斯の如く農村振興問題を、其の解決に衝るべき者を基準として大別すれば、国の施設に待つべきものと、農村自身の力に依るべきものとの二種類に分たれる。〔略〕若し農村に於て之〔国の施設〕を受け入れる組織に欠陥があり、又之を活用する力がないならば、折角の国の施設も死物と化し了るのである。例へば公定米価が制定されても、農家がその最低価格以下で米を手放して了ふといふやうなことがあつては何んの役にも立たない。折角低利資金を供給しても、村の金融組織が不完全ならば資金は村民に浸潤しては行かない。金融にしても、販売購買の統制にしても、農村民が克く協力一致して国家の施設を援用するやうにしなければ、其の効果を完全に挙げることは出来ない訳だ。農村経済更生計画なるものは農村民の協力一致の努力に依つて、叙上の如き農村自体の力に依つて解決すべき農村問題を解決し、同時に又農村振興の為めに国家、地方庁の行ふ諸施設の効果を完ふせしむることを目的とする所の、所謂農村の根本的建て直し運動なのである(46)。

農村経済更生運動は「経済」の更生がひとつの目的であった。そのためには、引用文のように経済更生を目的とする国家の諸施設が効果のあるように、自力により協同一致して組織を作ることがまず必要であった。したがって、「隣保共助」の精神、つまり協同精神が必要であった。さらに、「経済」の更生のために農家の赤字経済を建て直すことが絶対に必要であり、それを成し遂げるために、一方においては収入増加をはかり、他方において支出の節減をはかるとともに、負債に関する支出の合理化をはかることの外に途はないのであった。

とはいえ、そのいずれもなかなか困難なことであって、個々の農家が孤立的に行って効果を収めることはほとんど不可能なことである。「部落の隣保共助の精神」により国家が成し遂げるべきものとして官僚が要求した主な施設項目には、「備荒共済施設、更生基金の造成、共同収益地の設置、共同耕作、共同作業場、共同施設の利用、共同労力奉仕による土地水面の整備、共同開墾、管理による土地分配の公平、耕地の交換集団」などがあった[47]。これは収入増加と支出節約および福利増進（共同炊事、託児所など）のために、是非とも隣保共助の精神が必要な項目であった。それのみではない。たとえば支出の節減にしても、家計上、着目すべきものとして冠婚葬祭費、社交費などがある。農村の付き合いにおいては、家の格というものがあって、その格に相応しい冠婚葬祭費の支出があり、社交費の支弁においては、農村の社会生活上、不可欠な性質を持っていた。したがってこれらの節減をはかろうとすれば、まず農村社会生活上の一般の習慣を改善していかなければならない。

つまり部落なり村なりの全体の人々が協同して、その申合せをしないことには実現し難いことである。ほかに、当時の不合理な負債条件に対する債権者との交渉や金融上の信用を生み出すために、部落間の対立や小作問題など、村落内部の対立を押さえ解消するためにも、共同の力は必要であった。

ところで新段階を迎えた国家官僚が国家目標によって村落を作り上げようとした時、農民に国家意識・協同精神・自力精神の養成を強力に押し進めるほかに途はなかった。とくに国家の諸政策・諸要請に対し、隣保共助によって、それを遂行できる農民を作り出すことが必要であった。しかし、近代以後「バラバラ」の姿になりつつあった村落において、表面的な隣保共助の精神の強調だけでは村落社会は再編成されない。個人の利害によって参加しない者、離脱者がいる限り、その分協同の力は弱くなるからである。したがって、「重大なことは、若し孤立の農家が経済更生計画を実行するとしたならば、必ずや其の恣意に依り中途挫折する者が続出するであらう。これを防止し有終の美あらしめんが為めには協同の力に依つて相互監視、共励を行ふ他に途がない[48]」というように、共同の力を強化するためには、村落内の相互監視が必要であった。

このようなたび重なる行政指導や法律などによって、村落社会を隣保共助の方向へ機構化、組織化していかざるを得なかったのである。たとえば、負債整理組合結成についての村落内の反応にみられるように、以前と違った共同体秩序が官僚指導によって作られていくのである。

負債整理組合法ハ昨年〔一九三八年〕ノ八月一日ニ施行ヲ見マシタノデゴザイマシテ、此法律施行ト同時ニ本省ニ於キマシテハ各係官ガ全国ヲ手分ケシテ、負債整理組合法及其ノ関係法令ニ付キマシテ趣旨ノ普及ニ努メテ参ツタ次第デアリマス、〔略〕之等ノ組合〔無限責任組合、保証責任組合〕ヲ作リマスルニ付キマシテハ、私ノ方デ一番力ヲ入レテ居リマスル隣保共助ノ精神ヲ以テ、部落民ガ負債ノアル者モナイ者モ協力シテ此負債整理組合ヲ作ツテ行クノダト云フコトヲ申シテ居リマシタノデスガ、此点ニ付テ色々組合ノ設立当初ニ於テハ問題ガ出マシテ、極端ナ議論ニナリマスト、自分ガ何等利益ヲモ受ケナイヤウナサウ云フ組合ニ入ツテ、万一ノ場合ニハ責任ヲコソ負ハナケレバナラヌ、サウ云フ組合ニ何ノ必要ガアツテ入ルカ、神カ佛デナケレバ人ノ為ニ協力スルトカ、隣保共助トカハ出来ヌヂヤナイカト云フヤウナコトデ、随分困難ノヤウニ言ハレ、又中々此點ニ付テ困難シタノデアリマスガ、先程申上ゲタヤウニ県ノ係官ノ努力ニ依リマシテ、段々理解サレテ参リマシタ、今日ニ於キマシテハ此出来上リマシタ組合ノ大部分ト申シマスカ、全部ニ於キマシテ、組合員ノ中ニハ負債ノナイ者ガ相当沢山入ツテ居ル、サウシテ真ニ此経済非常時ニ処シテ、農山漁付ノ負債整理ニ協力スベキデアルト云フ信念ノ下ニ活動シテ呉レテ居ル幹部達ハ大部分負債トハ何等関係ノナイ人ガ入ツテ居ルノデアリマス、而シテ此部落ノ住民ノ大多数ヲ包含スルヤウニト云フ趣旨デ吾々ノ方デハ指導シテ参ツタノデアリマスガ、之モ其ノ理想ニ到達致シマシテ、大体住民ノ数ト組合員数トノ割合ハ八割乃至九割ト云フ成績ヲ得テ居リマス、殊ニ福井、広島、三重等ニ於テ設立サレテ居ル組合ノ現状ニ於キマシテハ、之ハ県ノ方ノ方針モソウデアリマスガ、七割以上部落民ノ加入ガナケレバ組合ハ許サヌト云フヤウナ指導ノ下ニ進シデ参リマシタノガ現在迄ノ実情デアリマス、此実情ニ見マシテモ相当負債整理組合ノ趣旨ガ徹底シテ参ツタト私共ハ考ヘテ居ル次第デアリマス、ソレカラ此負債整理組合ノ出来上ツテ参リマス経過ニ付テ二三申上ゲテ見マスルト、町村部落ニ於キマシテ此ノ趣旨ヲ認メテ、ドウシテモ此負債整理組合ヲ作ツテ負債ノ整理ヲヤルノガ一番宜イト云フ考ヘ方デ、市町村当局ノ方ガ住民ヲ動カシテ設立ヲ促進セシメテ居ル所モ相当アリマスルガ、最近ニ於キマシテハ部落民ノ方ガ寧ロ進ンデ此組合ノ趣旨ヲ理解シテ、協力シテヤラウト云フコトニナツテ後、村当局ヲ動カシテ組合ヲ作ツタト云フ例モ多々アルノデアリマス(49)

自分に何ら利益がない以上、他人の負債のために組合を作って責任を負うことを嫌がる人があるのは、当然であった。そのような人を含め、組合組織を作ることは以前の共同体ではなかった動きであった。理想化した伝統社会の隣保共助の精神を、経済更生という当時の必要性に合う新しい共同体秩序を作るのに利用したのである。村落の産業組合の信用事業にも同様の動きがみられる。県の指導によって作られた群馬県木崎町赤堀部落の連帯保証制度はその一例である。

連帯保証制内規

1本組合は購入事業上の便宜の為、上組、中組、下組、本郷なる旧来よりの慣習たる自治、行政の区域を単位とせる上組、中組、下組、本郷内の農事実行組合全員を以て各連帯保証班を設立す、班長は各組の幹事の兼任とす

2組合員産業組合その他より金円及び物資を借用せんとする時は、連帯保証班員連名の連帯保証借用証に捺印署名して農事実行組合長に提出すべし

3連帯保証班借用の総額は木崎産業組合に於いて決定せる信用評定総額を基準とす
4〔略〕
5班員中借用の返済を為さず、又は甚だしく遅延したる場合は其の会員を農事実行組合より除名を為すものとす
6組合員中連帯保証班に自己的理由を以て加入せざる場合は、農事実行組合は其の組合員に対し一切の取り扱いを停止するものとす(50)

このようにみると、経済更生運動には、自分の損益に対して敏感な現実の村落社会を背景にしながらも、それに反する隣保共助の共同精神による弱者保護の原則が働いているとみていいと思われる。

第四節　自力更生の人間づくり

一　如何なる人間が求められたのか

官僚は現実の農村について非常に批判的であった。その農村を自力で立て直していくことこそ経済更生運動の始まりであり、この運動の本領であった。既存の村落を無組織、無統制と捉えたり、村落内の紛争・対立や村民の無知、自信の喪失を批判した経済更生運動の関係者にとって、「計画の実行といふことになれば最も必要になるものは組織と人であります」ということは、当然のことであった。

官僚が意図する組織の重要性についてはすでに指摘したが、組織よりもっと重要視したのは、「人」の問題であった。「此の実行組織を運用するのは人であります。此の人の問題を考へないで形式的に組織だけを整へたのでは仏を作って

魂を入れないのと同様であります。此の更生計画を真に生かすものは人であります」[51]という意見がそれを物語る。したがって、経済更生運動を成功させるためには、村落に住んでいる人々の意識を変化させていかなければならない。では、どのような人間が目指されていたのか。

第一に基本的な精神理念として「農」の意義を自覚し、自信と意志を持つことが要求される。石黒忠篤の次の言葉はそれをよく表わしている。長文であるが、引用しておこう。

その農業恐慌に対して恒久対策と致しまして、農村の根本的建直しのために農民道場というものが設立されて来たのであります。そういう農業恐慌のような行詰りが来た根本の理由は何であるかというに、これは個人主義文明に走り過ぎた結果である。これは世界共通のことで、我国でも正に然り、然らば原因がそこにあるということが分ったならば、どうしたらいいかということに対して、個人主義文明ではいかぬ、もう少し精神的に引直さなければならぬ。そこで日本民族としての精神を農民に於いて作興することが、先ず第一の根本であると認められた結果であります。

農民道場の使命は斯様に致して、日本民族の精神のお互の磨き合いというものをここでやるのだ。そうして本当の皇国農民、百姓らしい百姓を作って行くのであって、所謂篤農家であるとか、或は百姓の皮を被った企業家のような小利口な者を拵えて行くのではない。どうしたらいい金儲けが出来るかということを教えるのではない。本当に百姓らしい百姓を拵えて行くという所に、最後の所をもって行かなければならない。どの国の農業を見ても分るように、営利主義に堕してしまった結果が国々に農業恐慌を持ち来して居る。勿論凶作というようなものに別に原因があったものもあるけれども、その建直しは個人主義文明をチェックすることであると思う。言葉を換えて言えば、営利主義に入って来て居るのをチェックして行くことに努める、そうして百姓はどういう精神を持ち、心構えを持って行かなければならぬかということを再検討して行く必要が根本に於いて感じられる。〔略〕而してこの農という行為は、古い言葉で申せば、天地の化育に参ずる、即ち人間が天然というものと協力を致しまして、そうして人生に必要欠くべからざる物資を上げて行くことであって、人類生存の大本をなして居るのであります。生――生きて行くことを尊きことであり、必要なことであるということによって農というものが行われて来て居るのであるが、その生というのは何であるかと申すと、無論個人の生、一人一人の生命はその中にあるけれども、それだけではない、もっと大きな生命を持続致し、繁昌させるために農というものが起きて来て居る。大きな生命とは何であるか。即ち国家の生命、日本に於いては天皇を中心とする国というものは、大きな共同生活体の大生命である。これを尊きものであり、持続せざるべからざるものであると肯定すれば、必ずやらざるべからざる行為が農である、と私は思って居る。若しこれが単に個人の生であったならば、生存を否認してもよいであろうし、生命を維持するために工業をやってもいいし、商売をやって人を瞞して金を取ってやって行くことも出来ましょうが、乍併、天下の蒼生皆共に生きて行こうというような大きなことを考える場合には、ここに衣食住の生活資料を生産する本当の土台になるものがどうしてもなければならぬ。それが結果に於いて農ということになると考えるのであります。自給自足の農業というと、何だか古くさい、未開野蛮の原始時代のことであるように聞えるが、これを国にして考えて見ますと、自給自足の農業がない場合に於いては、国は危うしということになるのであります。この点が農民道場の教育の方法なり、方針を決定する上に於いて非常に大事なことと考える。マーケッティング・アグリカルチュア〔市場農業〕というものは営利を目的としたので、これは農の本質から申すと余程外側のもので、本質を離れたものである。斯う言わざるを得ないのである。日本精神は、斯くの如き大生命を基調と致す愛と農の精神によって生まれたのであり、それと互に表裏して居るものである、と私は考える。〔略〕同時に農村というものは、〔略〕商工業などと違いまして、協力なくしては出来ない仕事であります。そういう共〔略〕同の素質の多い農をもって立国の大本と致したときに、始めて民族の協和が出来る、と私は考える[52]。

百姓として持つべき精神、あるいは心構えとは「農」の意義の自覚であった。「農」の意義とは国家の生命、つまり天皇を中心とする大きな共同生活体の大生命を維持する尊きものであり、日本精神の元であり、民族協和の根元であった。そして西洋の個人主義文明、すなわち営利主義を排斥するものであった。個人生活というものは、天皇を中心とする共同生活体の大生命の発展のために、その中に投入して、それのために尽くすべきものであった。それによって個人生活の発展もあるという共同体本位の精神であった。

第二に、能力やリーダーシップを重要視していたことである。生産計画・生産技術、販売・購買・金融の統制、生活改善等々、「農山漁村経済更生計画樹立基本方針」に示されているものを成し遂げる能力が望まれた。ここでは「保守的」「封建的」要素を打破する勇気と知識（物の改良に対する勇気と知識）が要求される。以上のようなことをみると、官僚が望んでいた人間の型には、いうならば「復古」と「革新」がともに要求されていたのである。

二　担い手

自力更生の人間作りは全農民を対象にしていた。ところが実際は、山形県立国民高等学校長西垣喜代次がいうように、「一般農民は永年の因襲に捉はわれて研究改善の弾力性を失つて居ます。それに重なる不況に萎縮して、悲鳴と歎願に没頭して居ます。剰へ頑迷で、利己的で、目前の小利に汲々たる有様であります。かゝる人々であるからこそ更生策も必要と云へませうが、実行を迫り実効を期待する差当たりの相手方としては頗る不向きであると申されます[53]」というのも現状であった。

したがって、どうしても実効の第一線に立つリーダーが必要となる。そこで、小平権一は「経済更生計画の効果を完全に発揮せしむるには、農村に真に農民精神に徹底せる中心人物があつて、自家の従事しつゝ、而かもよく、村民の儀表となり、村民を率ひて、更生計画の実行に邁進することゝならなくてはならない」と中心人物の必要性を強調し、中心となる人物、つまり中堅人物の養成に力を入れた。では、その中堅人物に何を求めていたのか。

我が国の農村に於て、真に中堅人物を養成せんには、此の種の農業労働が其の中心とならなければ、我が国の農村に適切なるものとはならない。我が国の農村の更生を図るには、農村に真に自ら農業に従事し、其の村の衆民に率先して、村民の儀表となり、村の経済更生に邁進する人がなくてはならない。〔略〕農村に対し、指導し、命令し、註文を為し、意見を述べ、改革を促す人々は、多けれども、此の他よりの指導、国家の方針、国の施設、他よりの意見を克く取り入れて、実際に実行する者が少ない。之れが現在の農村の最もなやみとする所である。ロの人はあれども、手足を実際に田畑にふみ入れて、農村の建て直しをする人がない。此の実際の事情から見ても、中堅人物の養成は、農業労働を中心としなくてはならない。而して、其の労の精神を養成するにある。即ち此の修練所の修練を終りたるものは、若し米作を為すならば、あらゆる技術を自ら研究し、或は町村技術員にたゞし、完全たる米作を為すことゝなり、単一農業を多角形農業と為さんとする方面に向ふならば徹底的に其の方に邁進し、或は経済更生上自ら為し得ることあらば、其の方面に邁進すると云ふ人物とならなくてはならない。此の如くなるが故に、修練所に於ては、萬般の農業技術を全部完全に授くると云ふが如きことを目的とするものではなく、可能性の範囲内に於て、農業労働、農業技術を体験せしめ、之れを依りて、今後積極的に技術に突き進む人格を作るにある。(54)

さらに中堅人物にどのような人々を想定していたのか。斉藤内閣の農林大臣後藤文夫は「農村経済計画の要諦」において、「農村経済更生の実現には是非とも中心人物を必要としますが、〔略〕更生計画の樹立実行につきましてとくに青年男女の力を促さねばなりませぬ。町村中心人物と之を支持して行く青年男女に呼びかけることに因り計画の樹立実行の成果を期し得るのであります[55]」と、青年層の意気と実行力を期待していた。中堅人物に青年を想定していることは至る所でみられる。

一九三四年農村経済更生中央委員会では、「(イ) 町村内ノ五戸乃至十戸毎ニ実行員ヲ設置シ経済更生計画ノ趣旨ノ理解徹底ニカメシムルコト、(ロ) 町村又ハ町村経済更生委員会ハ当該町村ニ於ケル中堅人物タルベキ青年ノ養成ヲナスコト[56]」を決めていたが、この実行員について「此実行員ニハ青年ナド本当ニシツカリシタ人間ヲ選ンデ出ス、サウ云フ人ガ出レバ頑ナ人ヲ転向サシテ新シイ業ニ就カセルト云フコトモ出来マス、(イ) ハ必ズシモ原則トシテ戸主ニ限ルトイウ考ヘハ持ツテ居リマセヌ[57]」となっている。そもそも中堅人物の養成所（農民道場）の修練生について、小平は「修練生の年次は、十八九歳より二十歳前後を可とし、而かも一度農家に於て一年乃至三年位農業に従事したるものであることが最も宜しいと考へらる。一度農家の仕事に従事し、農民として、多少なり考へが出て来た頃が、修練を最も効果的ならしむるものと信ずる[58]」と語っているから、中堅人物として青年層に期待がかかっていたことがわかる。

その中堅人物の階層としては、まず「農村に真に自ら農業従事し、其の村の民衆に率先して、村民の儀表」となる人、つまり階層的には耕作地主までが望ましいと捉えていた。また小平は「農村経済更生と農事実行組合」において、「組合の活動を活発ならしめんがためには、何よりもまず組合長その他組合の幹部にその人を得なければならぬ。徳望あり、計画的頭脳あり、農業に経験を有する人で、且つ強い信念と情熱とを持つ人を得なければならぬ。秋田の農聖石川翁の如く、部落の重立ちたる者が進んで事に当たるは極めて望ましい事である。しかしながら〔略〕部落の顔役だから旦那衆だからというので幹部に頂くと言うような従来のやり方では駄目だ[59]」と言っている。

さらに、どうしても村の経済更生の実行においては農業に実際に携わるものが望ましいのであって、部落の顔役や旦那衆だからといっても、村の経済更生に信念と情熱がない者は可能な限り排除することを望んでいた。『農村更生読本』のなかで近藤康男が、地主であり米穀屋などの商人であり高利貸を兼ねる存在である村落内の経済的有力者を経済更生の支障となる保守的、現状維持的、特権的存在として批判していることと併せて考えると、中心人物、あるいは中堅人物に寄生地主は適合せず、耕作地主までの層から経済更生運動の中心人物や中堅人物となるものが出ることを最も望んでいたに違いない。

しかし、ここで注意しなければならないことは、まず中堅人物の養成所への入所者は「県内各町村より選出せられたる農家の青壮年」とあるように、各町村より選出された人物であったという点である。階層の利害者ではなく、村落の経済更生のために階層の利害を超えることが望まれていた。あくまでも全村的に人望のある者でなければならないのである。それは、官僚が連帯信用保証や負債組合事業や村落内の紛争対立の解決を、村落のなかに求めていたことからもよくわかる。さらにいえば、中心人物や中堅人物にどの階層の人やどのような人を望んでいても、それを強制しなかった点である。

石黒は、「農村の更生に腐心する者は誠実勤勉なる村民が繁栄し奸譎怠惰の徒に圧えられ無い様に注意努力すべきであります。村の公職には各種の情実のある者や、所謂口利の様な連中を排して、誠実熱心な者を就任せしめる様に、粛正選挙によって之を実現することが必要だと思います。土木費や補助金や、組合の貸付金などを、何時の間にか何処かで舐めてしまうような村の油虫が存外少くなくて、而かも幅を利かせて居る様です。青年団などはなぜこれを駆除しないのでしょうか[60]」と、望ましくない人を村落民の選挙によって、あるいは青年団の活動によって排除することを期待したのであった。

『農村更生読本』において土屋大助は、「部落の所謂顔役というのもは概して仕事はしないものです。これをいつまでも部落の幹部にして置いたのでは部落は良くなりません。これを更迭することがもっとも望ましいのですが、それが出来難い事情にある時は顧問として祭り上げってしまって真に仕事をする人に実権を移すことが必要であります」と、部落内部で解決していくことを呼びかけているに止まっていた。

中堅人物については、森武麿氏の指摘以来、その階層的基盤が注目されてきた。森氏は中堅人物の階層的基盤が自小作を中心とした中農層にあったことを解明し、そこから更生運動に「経営の論理」を見出している。しかし、いままでみてきたように、官僚にとって中堅人物の階層的基盤は少なくとも耕作地主までを含んでいたのである。さらに注目しなければならないことは、中堅人物は階層を代表するものではなく、部落の全農民を代表するものであることを求めていたこと、また、階層的基盤よりは、むしろ青年層という世代的基層を重要視していたことである。

以上の中心人物、中堅人物について、官僚の認識をよくまとめている文章を引用しておこう。

それで村の指導機関の幹部たる村長始め各種団体長は計画実行に対しては熱と信念が必要であります。為にする一部の者の反対で実行が鈍つたり、村民が直に動いて来ないからといつて投出したのは何時迄経つても村は少しもよくなりません。更生の先覚者二宮翁や石川翁が如何に強い信念と熱の持主であつたか、又近くは優良更生村と云はれる程の村の当局が如何なる信念と熱とを持つて実行に当たつて居られるかを見れば最も此の点が明白になりませう。此の村の指導機関たる当局に人を得ると共に又計画実行の基礎機関たる部落にも人を得なければなりません。部落には一人か二人の中心人物は求めてないことはありません。唯その人を見出してその地位につけることが必要であります。部落の所謂顔役といふのもは概して仕事はしないものです。之をいつまでも部落の幹部にして置いたのでは部落はよくなりません。之を更迭することが最も望ましいのですが、それが出来難い事情にある時は顧問として祭り上げてしまつて真に仕事をする人に実権を移すことが必要であります。次に必要なことは計画実行の第一線に立つて活動する中堅青年の養成であります。この中堅青年は計画実行の所謂挺身隊となるものでありますからその人選には特に考慮を要します。落伍の虞のある者は始めから選抜しないことが肝要であります。そして又村及部落の将来を負ふ者も此の中堅青年でありますから、その養成には村も農会も産業組合も学校も一致して主力を注がなければなりません。此の組織と此の人によつて漸く村が一つの有機体として動く基礎が出来ますが、一般の村民を動かす為には村当局は部落迄出掛けて行つて当局の考へを十分一般村民に徹底する様に努めなければなりません(61)。

第五節　農村経済更生運動の政策内容と矛盾—戦時下への展望—

一　統制なき増産

農村経済更生運動の具体的な内容は、「農山漁村経済更生計画樹立基本方針」に示されているので繰り返すつもりはないが、論旨の展開上必要であるので簡単に整理することとする。

まず第一に、農山漁村更生計画樹立、実行の指導機関に関することを重要視していたことである。それは経済更生運動にみられる、根本的な村の建て直しを成し遂げていくためには村民のエネルギーの動員が必要であって、そのために新しい組織の新設と既存組織の連絡統制、および総動員がぜひとも必要だったからである。第二には、農民精神の更生と隣保共助の精神昂揚であった。これについては前述した通りである。第三には、経済更生のための具体的な事項が提示されていた。その内容は、一に土地と労力利用の一層の強化、二に流通・金融組織の強化、三に備荒共済事業、四に生活改善、五に農業経営の改善に整理できよう。特に農業経営の改善のためには、一と二と四とともに、農業資料・生活用品の自給の拡大、共同化、農業簿記の励行、生産費その他の経営費の軽減、生産方法の改良および生産の統制、貯金の奨励が行われた。

以上のような政策内容に対し、各町村が一つの単位となり、地域の実情に合わせて政策を取捨選択し計画を立てる形式になっていた。ところで注目されることは、農林省の「経済更生計画樹立方針」なるものは、生産増殖を誘致すべき指示が頗る多いことである。開墾開拓、耕地改良、牧野の改良、原野、荒蕪地、空地、宅地、畦畔、沼地などの利用および土地の交換分合などの土地使用の経済化、つまり土地利用の一層の高度化、用排水路の改善、暗渠排水の実行などの基盤施設の整備と労力の調節、作業方法の改善、余剰労力の利用（農閑期の労力利用、副業の経営）などの労働投入の一層の強化などがその例である。既存の作物、経営組織を基盤とした増産に、さらに、新作物、新生産物を持ち込むことにより、新商品生産部門の開拓を実行しようとしていたことが窺われる。

このような農村経済更生運動の政策における問題点をまず挙げれば、更生運動の計画は増産を基盤とする農村の町村個々の計画であるため、国家全体の統制があまり行われていなかったことである。経済更生運動においては、支出の抑制、収入の増加が目指され、各地の更生計画においては収入増加のために、各種の増産計画と販売改善計画がたてられた。しかし、増産といい販売方法の改善といい、その実効をあげるためには農産物価格を下落させないことが前提となる。いかに販売組織が完備し、いかに増産されても、価格が暴落すれば収入増加は非常に困難になるのは明らかである。更生運動の開始された当時に、数多くの町村が無秩序に計画を立てて増産を開始したならば、おそらく各種農産物に巨大な過剰生産を来して、市価の大暴落となり、結局農村更生を不可能にさせたかもしれない。したがって切実な問題は、生産増加に関連する統制の問題にあった。恐慌による農産物価額の下落状況においては、生産増加は問題を解決する道ではなくて、むしろ一層の悪化を招く恐れがあった。

これに関し、農林省経済更生部長小平権一は、一九三三（昭和八）年五月農林省にて開催された農村経済更生事業に関する各道府県主任官会議において、農村経済更生事業の重点の一つは、

計画樹立上最も注意を要する生産増殖に関する事項であります。生産増殖計画を樹立致します場合にはそれが自給を目的とするのか、販売を目的とするのかを克く考慮し、市場販売を目的と致します場合は需要の之に伴って増加せざる限りそれ等農林水産物の数量の増加は当然価格の下落を来するものであります。特に代用品のない農林水産物又は価格下落するも消費の増加せぬ様な農林水産の増産計画を樹立する場合は、各地に於ける同種産物の増産計画を総合し、消費市場の状況、輸出の可能等を詳細調査し、以て如上の如き損失を招かざる様考慮するを要すると思ひます。〔略〕斯の如き考慮乃至計画は個々の町村に於ても国家の一細胞と言ふ自覚の下に統制ある計画を樹立し上級団体の指導に依り生産統制、販売統制を樹立せねばならぬと存じます。特に生産増殖の結果、価格の下落し易い副業品に就きましては、農林省『農山漁家副業指針』を充分考慮し計画を樹立せしめる様に致し度いのであります。(62)

と注意を促している。しかしながら、「生産増殖」は小農経営の最も得意するところであり、一種の運命のように思われる。高価な地価の小面積においてもっぱら家族労働をもって経営している小農経営においては、経営の合理化は一般的にはまず土地利用の一層の高度化と家族労働の強化に求められることは当然である。経済更生運動が各農家を細胞とし、各町村が各々独立して進める以上、その計画が「生産増殖」の傾向をたどることは当然の成りゆきである。

これは単に、一つの町村内の農家の自省と隣保共助によって解決しうる性質のものではない。もちろん、『帝国農会報』でも指摘しているように、間接的には産業組合の拡充に基づいた農村経済の統制化により、その連合組織を通し

て、ある程度の統制は可能であろう。だが、産業組合の如き自主的組織においては、生産の統制までには入り得ない。産業組合自体は流通過程における自己防衛の機関ではあるが、生産過程までは立ち入らず、また生産過剰から農民を救済し得る組織ではなかった(63)。

ただ、生産過剰による価額の暴落を招かず、収入の増加があったとしたなら、それは計画外および更生運動以外の原因があったと考えられる。杉野忠夫氏も言っているように、更生運動と相前後して起こった満州事変をきっかけに、軍需工業のためのインフレと、為替安、低賃銀、工業技術の進歩を基調とする輸出貿易の躍進が始まって、とにかく物価は回復し金利は安くなり、米穀統制法、保護関税、さらに、凶作も手伝って、アメリカの財界が好転したこともその原因として考えられよう。たとえば米についてみれば、一九三二年一一月一石一七円台にまで下がったものが、三四年には三〇円を突破しようとしている。繭や小麦についてみても、いずれも、著しい価格の好調をみていた。支出抑制が国内市場を圧迫し、都市の購買力を減殺してかえって農産物価の回復を妨げはしないかという心配も、軍需インフレと輸出増進のために解消されていた。したがって、当面の農産物価格の安定のためになんらかの全国的生産統制を必要とすることとなった(64)。

しかし、このような経済更生運動の進展は、新たな問題をもたらした。その一つが収入増大を目的とした上記の「統制なき」増産であった。また一方では、赤字克服のための支出抑制が持つ問題点があった。その盾の明るい半面が、惨澹たる犠牲者の血をもって彩られているといっても過言ではないだろう。というのは支出抑制が村の中小商工業者、その他寄生的住民の生活を脅かすのであって、殊に産業組合の発展が農村の経済組織を改編した結果、職業を失う人々が出てきたのである。村に住み、村民相手の醤油屋、雑貨屋、売薬行商人、肥料屋、米屋などなどをはじめとして、更生の道を考えねばならないものが出てきたことである。

また、ほかの問題は、この経済好転が全農村住民に一様に福音をもたらしていないという点である。つまり農産物価の回復で、赤字克服の希望を持ち得る農家は、限られた農家であるということであった。自家労力を利用する余地があり、売るべき余剰農産物を有する農家に限られているので、耕すに土地なく、食うに自家生産の飯米のない貧農層、しかも従来は村において若干の日傭の職があったものが、各農家が更生計画に基づいて、労働の自給を計るために失業さえもするこれらの農民は、更生運動の進展とともに、生存の余地さえ脅かされる状況にあったのである。経営の改善を図る中農層が、小作地を回収しようとするために生じた小作争議も珍しくはなかった。こうして、いかに農産物価格が回復しても、その恩恵を受けるには耕地が広くなくてはならないことを教えられるのであった。要するに更生運動の進展に伴う副作用が、村落内および村落相互間、あるいは農業と他産業との間に生じてきたのである。

そのため、経済更生運動について国家統制の必要性を強調する提言が少なくなかった。すでに矢作栄蔵が一九三三年に、「誰も知る如く目下農林省に於て経済更生計画を立てて居り、商工省では産業の合理化とか、重要産業の統制とかを行つて居るが、国民全体の有力なる理解がないから、其の行つて居ることは誠に小出しに、余り強烈でない政策を徐々にやつて居るに過ぎない。〔略〕今日の小出式の極く間接的な優しい国家的統制だけでは、此難関を突破することが出来ぬし、我々の得た政治上、経済上の地位も或は外部から危くせられることが無いとも限らぬ」との指摘をしている(65)。

一方、農村更生協会の方面からは、「金儲けのための生産統制は、今日これを工業方面に見ることができる。電力とか、肥料とか、製紙とか、セメントとかビールとか、砂糖とか、紡績とか、集中された大資本の手に帰した産業では、金儲けを確実にするために生産の統制を実施するが、これに負けないように、農民も金儲け主義の統制やっても誰も叱る資格のある人がなさそうにみえる」と工業方面の統制の進展を批判している。その上、

欧州大戦をきっかけに、列強の経済政策の大勢は、国によってその使命の自覚の程度に差異があり、またその経

済組織の発展の程度に応じて、色々な型がありますが、ともかく、その国民の経済活動を国民全体の利益に合致せしめる様に統制する傾向にあるので、ドイツのナチスも、イタリーのファッショも、アメリカのニューディールも、将又、ロシヤの共産主義もイギリスの農業保護主義もその根底には一味相通ずるものが感じられます。吾国の農村更生運動が要求する生産統制も、その根本思想は、個々の農民の利己主義を全うせしめんが為のものではなくて、国民全体の生活の安定と向上の為の国家的統制の一翼に織込み個々の農民が農業生産にいそしみ、農民的生活の充実に努力することが農民全体の幸福利害、即ち国民全体の幸福利害に一致し、更に進んで東洋全体の民族の発展、全人類の幸福に一致せねばならぬものであらねばならぬと言ふ所から出発せざるを得ぬ、すくなくともかくの如き基礎的理論とその堅実たる実践が更生運動の一歩前進には是非とも必要であるのであります(66)

と経済更生運動への提言をしている。

また、『帝国農会報』にも、今日の町村はすでに必ずしも経済活動の単位でもなければ、社会活動の単位でもないし、各町村は経済的にも、社会的にも相互依存関係にあり、あるいは有機的関係に置かれているため、各町村が独立した存在として経済更生運動を進めていくことは、それ自らの力を著しく弱めるのみならず、むしろ、反作用の発生の要因さえ持っていると指摘していた。そして町村を範囲とする可及的速やかな自給経済の確立、または土地所有権の自村内への囲込みなどが必ずしも各農家にとっては利益をもたらすものではないこと、あるいは町村を単位とする社会活動の改善が他町村との関係において困難に直面しつつあることなどから、より広い範囲において相互連絡ないし、統制の必要を主張していた(67)。

二　農地問題解決策の微温性―村内全農家の更生―

農家生活の安定のためには農地問題が重要であることはいうまでもないが、経済更生運動期には、小作・農地問題は順調ではなかった。経済更生運動では大正期の小作・農地政策を継続しており、一般にいわれる如く、生産関係について触れていないわけでもなかった。経済更生運動の目標と更生計画の主要事項には「自作農の維持創設、其の他の農地制度の改革及び適正規模農家の設定[68]」があった。その内容を自作農の維持創設、「其の他の農地制度の改革」、適正規模農家の設定の三つに分けて内容を探ってみよう。

まず、自作農の維持創設は、農村の更生上極めて重要な事業であるばかりではなく、日本の重要な農村問題として長年の間取り扱われてきたものであった。

周知の如く、小作農を自作農にする施策は、一九二六（昭和元）年頃より始まっている。この自作農創設維持については、毎年政治的にも事務的にも研究され、その実現に努めたが、法制としてまとまったものは成立しなかった。

一九三三年には、農村更生上重要なる内政問題として経済更生計画の徹底を期するため、自作農維持創設制度を積極かつ大規模に行うことが必要とされ、農地保全制度とともに研究された。三三年一一月頃に研究立案された自作農制度の骨子は、

（一）全国ノ耕地ノ中自作地七割五分、小作地二割五分トスル目標ヲ以テ、田九十一萬一千町、畑四十萬七千町合計百三十萬八千町ヲ自作農地ト為スコト、（二）政府出資ニ依ル農地金庫ヲ設立シ農地ノ賣主ニ対シ農地債券ヲ交付シ買主ハ二十七年ノ四分利付年賦ニテ農地金庫ニ支払フモノトスルコト、（三）自作農地ノ処分ヲ制限スルコト、（四）自作農ノ事業ヲ推進スル為ニ中央ニ農地部ヲ地方庁ニ相当ノ職員ヲ設置スルモノトスルコト

というものであったが、この制度案もまた実現するにいたらなかった。とはいえ資金面としては、相当の金額を支出している。

また、一九二七年には、二五カ年計画を以て、毎年約四千万円（簡易生命保険積立金二千万円、預金部資金二千万円）計一〇億円を融通し、小作地四一万七千町（小作農家百万戸）を自作とする案が成立し、実施されるようになった。その結果、一九四二年までには自作地は七万五千町歩、維持した面積は九千八百町歩、戸数は二〇万戸に達したという[69]。それにも拘わらず、このときでも、自作農制度に関するまとまった法律は成立しておらず、ましてや不在地主などの田畑を強制的に買い上げて自作地とする制度は、一九四五年の農地改革まで実現しなかった。

第二に「其の他の農地制度の改革」としては、農地交換分合、小作争議の解消、農地保全制度などが取り上げられていた。

農地交換分合は、土地利用の効率性の向上のため更生運動において重要な項目である。その実行は非常に困難であったという。小作争議の解消に関しては、産業組合による農地管理などの方法により、小作争議の減少を目的とした。しかし、相当の難村が経済更生指定村となったがために、成功した例が少なくないと評価している[70]。さらに農村の経済更生計画を樹立実行し、農村をして永久に安定させるために、「農業経営の基礎である農地はすべてこれを自作地とし、しかも一度自作地となったものは再び小作地とならないように施策を講じ、また農地の上に存する担保負債はこれを整理し、再び農地担保負債の生じないように保持し、またこれと同時に、小作の安定農地経営の保護をなす[71]」ことなどを目標に、農地保全制度を立案した。しかしこの安定制度は実現しなかった。

第三に、適正規模農家の設定についてみると、まず適正規模農家は、いかなる面積を以て標準となすべきかについて議論があった。

適正規模の面積は、家族の人数、農業経営の方法、土地の良否、またその地方の気候により、おのおのその趣を異にするため、具体的に決定することは非常に困難である。したがって、経済更生計画では、適正規模農家の設定の問題を解決するために、次のような各種の施策も講じられた。その一つは耕地の改良、耕地の造成（開墾干拓など）の方法であった。すなわち土地において、どんな小さな面積をも耕地に利用することとしている。その第二の方法は、村内の過小面積の農家に対し、農業以外の事業を与えることである。たとえば農村工業を振興するということである。三つめの方法は、集約農業によって、耕地面積は過小でも、収益において、適正規模経営と同様になるという考え方である。この方法が最も実行しやすく、各農家が直ちに実行に移せるものである。その第四の方法は、国内移住をなすことである。すなわち、過小農家をして、国内の未耕地の多いところに内地移住させる方法である。

経済更生計画は、この四つの方法によって適正経営規模の問題を解決しようとしたのであり、これによって相当の成果をみている。しかし更生運動の末期においては、この四つの方法によっても解決できない村では、適正規模農家として海外に移住することも考えられた。すなわち、当時の海外移住としては満蒙地方がその主なるものであり、耕地の少ない村では分村を行って、村の一部の農家が出ていく計画であった。しかし実際にこれを実行した村は多くなく、机上で考えられたようには具体化しなかったという[72]。

ところで、小平権一は経済更生計画に関し、適正経営農家が村内の農家の相当数を占めなくてはならないことから出発するものではなく、村内全農家を更生して行くところに目標をおいたと述べているように[73]、村内農家の耕作面積の是正は強調されなかった。たとえば村内の兼業農家、過小農家などの土地を集合し、適正経営農家としようと農家を整理することはしなかったのである。現在耕作している耕地が多すぎるからといって、これを他の農家に耕作させたり、また過小面積の農家だからといって、これを他の農家に合併しようとすることは実現困難であった。ただ、経済更生運動においては、村内の小売商のような者を農業者に転業させること、不在地主の解消、他村地主の解消などを計画したが、農家全体の構成の是正は強調しなかった。

したがって、土地分配の是正は、新たに村内の原野を開墾して、これを耕地の少ない農家に付与して耕地の増加を行うか、または他に移住をなすなどの方法により、残った土地を以て耕地分配の是正をする方法以外には実現困難であった。すなわち経済更生計画の過程における耕地分配の適正化は、村内の耕地造成または分村によってはじめて行われたのである。したがって、土地や水利など基本的な要素の整備は、経済更生計画においては、共同施設の事業と相並んで最も多くの資金資材を投じた事業である。農村における農家の経営を安定させ、その経営を合理化する上において、日本のように耕地の狭い農村においては、村内の天然資源を極度に開発利用することとし、あらゆる工夫をこらし、一寸の土地も一滴の水も逃さないとすること以外には方法がなかった。ゆえに経済更生運動の進展に伴い、いやしくも開発の余地ある農村においては、極力土地・水利の改良に力を注いだのである。

以上のことをみると、生産関係において「恐慌以後の農業政策の流れの中で、これまで全く除外されていた生産関係＝地主的土地所有関係[74]」という理解は間違っていたことは確かである。しかし、経済更生運動において自作農創設政策や農地制度の改革、適正規模農家の設定という政策は、小作問題を明確に解決し得るようなものではなかった。自作農創設の法案化の未成立、農地保全制度案の流産、適正規模農家の設定の限界がそれであった。したがって、戦時期に入り、戦争遂行の目的上、一九三八年八月に農地調整法の形で解決を試みたり、一九三九年以後の諸農地立法、および小作料統制令が制定されるようになるのである。

これまで経済更生運動の具体的政策のもっている大きな問題点を、統制なき増産と農地対策の微温性を中心に指摘してきた。この問題点とは、皮肉にも日中戦争後の戦時政策によって解消される運びとなるのであるが、「皮肉」といったのは生活安定を目標とした経済更生運動の問題点が、戦争遂行をより大きな目的とする戦時政策によって解消されていくからである。しかしその目的が違うことは、解消とともにまた新たなる矛盾を生み出した。戦時下において国民主要食糧の確保、軍需および貿易関係重要農産物の増産は、戦争の長期化と国際情勢の急迫にともない、その重要性を加えることは当然のことである。

政府は、一九三八年一二月、農林省に計画課、資材課、肥料配給統制課よりなる臨時農村対策部を設置し、またこれに関連して農林大臣の諮問機関である農林計画委員会を設立して計画増産を推進すべき機構の整備を行った。進んで、農林計画委員会は一九三九年四月「重要農林水産物増産計画」を立て、各種重要農林水産物について一定の生産目標を定め、各道府県に対する生産割当を行った。これによって国家による計画生産、あるいは農業統制への転換がはかられることになった。さらに一九三九年の植民地朝鮮における大旱魃による移入米の激減は、本格的な農業統制への転換に拍車をかけることになった(75)。

なお、計画増産に関連して、注目すべきものに一九四〇年の農会法の改正がある。第七五議会において成立した農会法改正では、当時の食糧増産確保の至上命令を達成するため次のような改正を行い、これによって農業に対する指導奨励と生産統制を行うとともに、農村の細胞的活動の主体たる部落団体の活動を促進しようとした。主な改正内容は、「(一) 農会に対して農業に関する統制施設〔病虫害駆除、種苗、作付時期などを対象とする生産統制を意味する〕を行うこと。(二) 部落ないし部落に準ずる地区を区域とする農事一般に関する団体〔農事実行組合、農家小組合などを指し、養蚕実行組合を含まず〕に対して農会加入の道を開いたこと(76)」であった。さらに、一九四一年一二月には農業生産統制令を実施し、農会を戦時下農業生産統制の担当機関としてその性格を強化した。

経済更生運動の背景には農産物過剰問題があった。ところが、経済更生運動の政策には増産を誘発する指示が多くあったにも拘わらず、国家全体の立場に立った統制が行われていなかった。したがって、国家統制をより強く要求する世論が存在していたが、その「統制なき増産」の問題は戦時期に入り、「統制ある増産」が国家目標として必要になるにつれ解消されていくことになった。つまり、各町村の農会がその地域の生産統制を担う機関として位置づけられたのである。しかし、その「統制ある増産」は個別農家、あるいは村落社会の自律的な生産を無視して、国家の戦時食糧政策的視点が個別農家あるいは村落社会の生産・経営を決定するところに、新たなる問題を発生させていくのであった。

一方、農地問題においては戦時期に入り、耕作農家の地位の安定を図り、農業生産力の維持増進を期することが緊要であって、不安定な農地関係の調整改善を図るために農地に関する法制の整備の重要性が増してきた。農地政策は諸般の農産物改良政策、あるいは価格政策を一段と効果的に機能させるとともに、農村経済更生の振興、農村平和の保持に寄与するものでもあった。したがって、農林省は経済更生運動において前述したような対策を試みたが、抜本的な対策にはならず、戦時期の必要性に迫られて、第七三帝国議会に農地調整法案を提出した。そして多少の修正後、一九三八年八月一日より施行することになった。

農村の土地問題は各地各様であって、殊に農地の使用収益関係は複雑多岐をきわめ、これを画一的または概括的に規定することはきわめて困難であることから、同法の実体的規定は根本的かつ普遍的な事項のみとし、そのほかの詳細な事項は市町村および道府県に農地委員会を設け、また調停の制度を整備し、これらの運用と関係者の「互譲相助」によって、妥当な処置をなし、農地関係の調整改善を図ることとした。農林省は一九三八年に『戦時体制下の農林政策』(農林大臣官房企画課編)において、

農業問題に対して、多くの応急的、恒久的対策を樹立してきた政府は最も基本的な農地の生産関係に触れた農地問題に対しては、まだ確固として対策を樹立するところなく、多くの流通関係に関する問題に限局されている。しかしもっぱら、流通関係に関する対策は必然として生産関係に触れざるをえない。たまたま支那事変という未曾有の大事変は日本において最も必要にして困難な問題に一歩を印する契機となったことは慶祝に堪えない。ここ

によようやく一つの基点を得た農地対策は今後日本の農業の発展とともに整備させてゆくだろう。さらに、この農地対策を基点として日本の農業は大きな転回、発展をしなければならない(77)。

と農地調整法を位置づけていた。しかし、戦前の農地・小作問題について小平権一は、「一般に不在地主などの田畑を強制的に買い上げて自作地とする制度は、終戦後昭和二〇年の農地制度実現までは、実現していなかった。また現在の自作地を家産または世襲財産として、永久に維持するために必要な法制はまだ成立していなかった(78)」とし、小作問題も一九三八年の農地調整法で多少は安定したが、甚だ不徹底のものであったと評している。

まとめ

経済更生運動は農山漁村のあらゆる基本的要素を根本的に改善整備し、農山漁村のあらゆる資源を完全に利用するとともに、村民の共同組織を完全に整備拡充し、協同組合を徹底的に拡充して、農村の再編成を図ったものであった。すなわち「特別助成村は農林、漁村経営の基本的要素の整備、機械力畜力の導入、共同施設の充実等農業生産資本の高度化を図ることに依り、過去の裸労働の域を脱して労働の生産性を昂揚し、少ない労力を以て、より高い生産力を発揮すると共に他面土地と人口との調整という根本的な問題の解決を図ることに依り、将来に於ける農業再編成過程への力強い一歩を踏み出しつつあるものと云へよう」と農林省農政局が声明していたことからもそれはわかる。

最後に、今まで論じてきた昭和戦前期における国家官僚の農村経済更生運動における地方政策意図と政策内容について、要点をまとめておこう。

第一に、政策内容は以前からのものの強化・拡大、および新しい要素の導入によって成り立っていたことである。農村経済更生運動の重要事項であった産業組合設立、農業生産力維持・拡充などは大正期の政策を引き継ぎ、強化・拡充しており、また負債整理組合、農村工業化など経済更生運動に似合う新しい政策を行った（構想は大正期から）。国枝益二は、更生運動の新側面について「農村経済更生運動は、全く農山漁村の組織の根本的建て直しを企画するところの全面的運動であります。したがって、今まで行われた様な村是とか農会是とかとは異なって、もっと徹底的な、広範囲の運動であり、この成否は実に国家にとって重大な影響を与えるものであります」と位置づけている。そしてその特色として、「経済と精神と両方面の更生なること」「計画的・統制的であること」「各機関の総動員たること」を挙げる。また、更生運動が始まってからの農村の変化として産業組合が系統的に強化、拡充されたこと、村の経済とは無関係にみえた学校教育の経済化が進み、農民訓練所が各地に起こったことなどをあげていた(79)。

第二に、経済更生運動という国家目標によって、官僚の政策が共同体的関係へ影響を及ぼしていくことである。官僚にとって、経済更生を妨げる共同体的関係の伝統的要素（たとえば頼母子講・冠婚葬祭・社交などの出費による家計の圧迫）は望ましくなかった。しかしながら、他方では理想的な共同体的秩序の表現である協同精神、つまり「隣保共助」の精神を強調して負債組合、連帯保証制度、共同化を強化しようとした。いうならば、村落を国家目標にあう村落として再編成し、国運の躍進を図ろうとしたのである。

第三に、経済更生運動の論理構造をみると、国難克服の意識（国家意識）、生活向上、自力更生の人間づくり、隣保共助の精神などが中心論理であった。時代によってこの論理に含まれる具体的な政策内容は異なるものの、論理自体は近代以来一貫したものであると思われる(80)。これは、後発近代国家としての日本の国家官僚が、限られた財源のもとに一等国としての地位を守り、さらに国運を発展させるために、強力に国民を導いていく過程の中で当然出てくる論理であった。就中、自力更生（自助）の人間作りが注目されよう。

当時の官僚は、生産が一つの社会的営為であるということを重要視し、生産問題の核心をとらえるために、何よりも人間と、その人間が取り結ぶ社会諸関係とに運動の重点を置いた。とりわけ必要とされていたのは、技術と資本とともに人間に注意を向け直すことであった。結局更生運動が成功するか否かは人間そのものの精神の改造にかかっていた。

物神崇拝、依存心理の蔓延、自信の欠如、とくに自信の欠如は国民の多くが住んでいる農村地域において著しく、最良のものは都市にあり、西洋文明にあると認識されてきた。このような状況に対し、農村問題の解決のために農業に科学を持ち込んだり、村落の経済的支配者や高利貸しをおそれず、自信を持ち、どのような困難にもめげない意思と能力を備えた農民、つまり新しいタイプの農民がまず必要であった。

官僚は農民が旧来の村内権力秩序に拘束されず、彼ら自身が自らの主人、日本の主人であることに納得すれば、経済更生を生み出すために必要な文化・科学および実験にも、改良された制度にも、その心を開くことができるであろうとみていた。要するに、経済更生運動にみられる全般的な村の建て直しのような、切実な要求に応えるべき労働力の動員のためには、村において全く新しい社会構造が必要になるのである。したがって、こうした事業を成就させるための人間づくりの政策を重要視したが、それは官僚が望ましいと思う限りの「自力更生の人間づくり」であったといえるのである。

注

(1) 小平権一「大正年間の農政沿革」『斯民』二三—四号、一九二八年。
(2) 同右。
(3) 大正期の農政をめぐる政治過程については、宮崎隆次「大正デモクラシー期の農村と政党(一)、(二)、(三)」(『国家学会雑誌』九三—七・八、九・一〇、一一・一二号、一九八〇年)を参照。
(4) 上山和雄編『対立と妥協—一九三〇年代の日米通商関係』第一法規出版、一九九四年。

(5) 楠本雅弘編著『農山漁村経済更生運動と小平権一』(不二出版、一九八三年)の解説「農山漁村経済更生運動について」。ここには農山漁村経済更生運動の研究目録と研究史の網羅的な整理を含む。既存の農山漁村経済更生運動の研究は、村落再編、中間層の役割、政策の対象層、政策の成果、官僚の支配強化およびファシズムとの関連性をめぐる議論に集中している。本稿は当時の国際的背景のなかで、日本の官僚が何を政策意図としていたのかを究明するものであり、それと関連する限りにおいて既存の研究について言及する。

(6) 高橋泰隆「日本ファシズムと農業経済更生運動の展開—昭和期の『救農』政策についての考察」『土地制度史学』六五号、一九七四年一〇月)。

(7) 平賀明彦「日中戦争の拡大と農業政策の転換」『歴史学研究』五四四号、一九八五年。

(8) その代表的な論文には、森武麿「日本ファシズムの形成と農村経済更生運動」『歴史学研究』一九七一年度別冊特集がある。

(9) 国枝益二「農村更生運動の意義」『農村更生読本』農村更生協会、一九三六年、『農山漁村経済更生運動史資料集成』二—一。

(10) 鶴見左吉雄「農村更生の基調」『斯民』二七—一一号、一九三二年。

(11) 小平権一「時局に善処すべき自力更生の途」『産業組合』三三九号、一九三四年。

(12) 小平権一「獨逸農民の奮闘と我が農家の自覚」『斯民』二四—三号、一九二九年。

(13) 小平権一前掲「時局に善処すべき自力更生の途」。

(14) 近藤康男「農民及農村経済の現状」『農村更生読本』。小平権一も自給自足の経済ができないことを充分承知していた。次の言葉がそれを物語る。「今日では農家は所謂交換経済を営んでゐる。一方で売る為めの農産物を生産し、他方で家計上に於ても経営上に於ても諸種の必需品を購入しなければならぬ。その商品の取引の関係に於て力弱き個々の農家は、大資本を擁する力強き商工業者の為めに常に不利益なる地位に立たせられる。農家の売る物は安く、そして購ふ物は高い。此の不利を除く手段としては、先づ成るべく交換部面との接触範囲を狭くする為めに、農家経済の自給部面を拡大することが考へられる、とことは実に望ましいことである。だが現在の経済事情に於ては到底農家経済を昔日の如き自給自足に引戻すことは出来ない」(「農村経済更生と農事実行組合」『斯民』三一—四号、一九三六年)。

(15) 近藤康男「農民及農村経済の現状」『農村更生読本』。
(16)『農山漁村経済更生運動史資料集成　二』二〇五頁。
(17) 国枝益二前掲「農村更生運動の意義」。
(18) 西垣喜代次「農村更生と農民教育」『農村更生読本』。
(19) 国枝益二前掲「農村更生運動の意義」。
(20) 同右。
(21) 小平権一「農村更生の重心は精神作興と負債整理」『農政研究』一五―二号、一九三六年。
(22)『農山漁村経済更生運動史資料集成二』二三六頁。
(23) 経済更生運動においては村落内の農民層のみが問題視されることではない。例えば、町村財政で運営している小学校の教点ニ頭ヲ向ケテ来タコトガ窺ハレテ非常ニ結構ナコトト思フノデアリマス」と指摘していることから、既存の小学校教員のあり方への批判を読みとれる。
(24) 植民地朝鮮で農山漁村経済更生運動に参与して戻ってきた山崎延吉は、一九三四年三月の農村経済更生中央委員会で次のように述べて農林官僚の意図を代弁している。

〔朝鮮には〕政党の関係がございませんので、内地と較べてかえって始末が好いのでありますから、今日は面白く計画を立てる所は立てつつあり、実行に入る所は遺憾なく実行をやっているのでありますので、これには督励ということが大切でありますから、各局長なみに有力な課長級の人が代わる代わる各道を廻って督励を致して居るのであります。そうして各局長が委員になって居るのでありますから、警察の方でも、学校の方でも、財務の方でも農林局の方でも、協調がまことによく執れて居るのでありますから、指導受ける民衆は少しも疑う余地のないようになって居るのでありまして、従って面白く仕事が進捗して居るのであろうと思います。これに反して内地はこの仕事は農林省の仕事と世間は考えております。従って各府県を廻りますと、先刻那須さんが仰言ったように、府県当局者にしてこの仕事に余り冷淡ではあるまいかと見られるような熱のない所もあれば、先刻幹事の方からお話なりましたように、熊本県であるとか、岐阜県であるとかいったようになかなか熱を持ってやっている所もあるのでありまして、内地は一言にして申しますと、極めて無統制であるということをこの仕事が大切であると思えば思うほど遺憾に思うのであります。もう一つ繰り返して申しますと、ある府県は熱心やっている。ある府県はいい加減にやっている。というと、一寸醜いかも存じませんが、そう思われる程熱のない所がありまして、どうもうまく統制が執れていないように思われます。それから係りの人は何処の府県にもありますが、此の係りの人にも熱のある者とない者と、親切な者と親切を欠いている者があるのでありますから、指導をみましても、指導がどうも統制が執れていないように見受けられますので、これも遺憾に思うのであります。それからずっと計画を実際立てた村、立てて実行期に入っている村を見ますと、どうも今尚小さい村でありま すから、政党関係で有志、有力者の間に意見が一致せぬというようなことで、農会の技術員が中心で計画を立てている 所があります。そういうようなことだから、私共実行が果たしてよく出来るであろうかどうかということを疑わざる得ないのであります。現に一週間程前に佐賀県の藤津郡の吉田村という所に参りましだが、そこには産業組合も二つある。養蚕組合も二つある。各々競争しているというのならば宜しいのでありますが、喧嘩をし合っている。県は喧嘩を止めさせるべく更生村と指定したのだろうと思います。しかしながら村民が自覚を致しているのでありますので、どうしても経済更生をやらなければならない。しかし村長がやっても具合が悪いし、組合長がやっても具合が悪い。それだから技術員が主としてやって貰いたいということで、私はまことに差出がましい話でありましたけれども、仕事が大切と思いましたから、村長や組合長の了解の下に、今日の大会は私が開きましたと大会へ出て村民全体に話をしたのでありますが、こういった所がちょいちょいあるのであります。〔略〕農村に入りますと民政党、政友会は政友会で各青年部を作ってやっている。青年も中々昔の青年と違う。ですから今迄は一致していったものが、選挙等の場合に、ぱっと離れるような結果になることがあります。〔略〕此「実行」は考えるとすぐそれを悪用される恐れがありますから、政治に超越してとか何とかいうことを表してもらいたい。実行上障害となるべき点というのがありましだが、あの中にそれが書いてあるかと見たが、なかった。彼処に一つでも加えてもらったら、中央委員会はそういうことも考慮して居るということが世間に分かります。或いは終わりの条項の中に「経済更生運動は政治に超越す」というような巧い文句でも入れてもらったらよいと思います（『農山漁村経済更生運動史資料集成二』二四七〜五九頁）。

この山崎の発言は官僚政策が政治によって乱れることなく、官僚の思うとおりに計画が進むことを望む内容であるが、更生運動の実行上障害となる村落内部の対立として小作争議の地主・小作関係については言及がなく、党争中心の指摘となっている。
(25) 長谷川透「社会局関係に於て行はるゝ時局国救施設」『斯民』二七―一二号、一九三二年。
(26) 近藤康男前掲「農民及農村経済の現状」。
(27) 同右。
(28) 山本達雄「時局に鑑み国民の自覚奮起を望む」『斯民』二七―一〇号、一九三二年。
(29) 小平権一「農村経済更生と農事実行組合」めんが『斯民』三一―四号、一九三六年。
(30) 長谷川透前掲「社会局関係に於て行はるゝ時局国救施設」。
(31) 同右。
(32) 小平権一「報徳思想と農村更生」『斯民』三〇―一〇号、一九三五年。
(33) 小平権一「農村更生の重心は精神作興と負債整理」『農政研究』一五―二号、一九三六年。
(34) 山本達雄前掲「時局に鑑み国民の自覚奮起を望む」。
(35) 小平権一前掲「獨逸農民の奮闘と我が農家の自覚」。
(36)「石黒忠篤農政放談」大竹啓介編著『石黒忠篤の農政思想』農山漁村文化協会、一九八四年、六五頁。放談の時点は、一九五三年。
(37) 石黒忠篤「日本精神とニューディール」『石黒忠篤の農政思想』二〇〇頁（一九三七年二月の講演内容）。
(38) 出典は、大竹啓介編著『石黒忠篤の農政思想』農山漁村文化協会、一九八四年、一八五頁。
(39) 矢作栄蔵「挙国一致の新経済政策」『斯民』二八―一号、一九三三年。
(40) 大竹啓介編著前掲『石黒忠篤の農政思想』一八五頁。
(41)『農山漁村経済更生運動史資料集成二』二四五～六頁。
(42) 矢作栄蔵「挙国一致の新経済政策」『斯民』二八―一号、一九三三年。
(43) 杉野忠夫「農村更生運動の展望」『農村更生読本』。
(44)『石黒忠篤の農政思想』六八頁。
(45) 小平権一「報徳思想と農村更生」『斯民』三〇―一〇号、一九三五年。

(46) 小平権一「農村経済更生と農事実行組合」『斯民』三一—四号、一九三六年。
(47) 小平権一「農産漁村経済更生施設の概要」『農政研究』一五—五号、一九三六年。
(48) 小平権一前掲「農村経済更生と農事実行組合」。
(49)『農山漁村経済更生運動史資料集成二』二三七～二三八頁。
(50) 大川竹雄「昭和十四年手帳」大川家文書。
(51) 土屋大助「農村更生計画の樹て方」『農村更生読本』。
(52) 石黒忠篤「農民道場長に与う」一九三八年『石黒忠篤の農政思想』所収。
(53) 西垣喜代次「農村更生と農民教育」『農村更生読本』。
(54) 小平権一「農村中堅人物養成所—所謂農民道場」『農業経済』一—五号、一九三四年。
(55) 後藤文夫「農村経済計画の要諦」『農政研究』一二—六号、一九三三年。
(56)『農山漁村経済更生運動史資料集成二』二六三頁。
(57) 同右、二六〇頁。
(58) 小平権一前掲「農村中堅人物養成所—所謂農民道場」。
(59) 小平権一前掲「農村経済更生と農事実行組合」。
(60) 石黒忠篤「農村の生きる道」『石黒忠篤の農政思想』一九五頁。
(61) 土屋大助「農村更生計画の樹て方」『農村更生読本』。
(62) 小平権一「農村経済更生事業の重点」『農政研究』一二—六号、一九三三年。
(63) 石橋幸雄「農村経済更生運動の諸動向と現段階」『帝国農会報』二四—三号、一九三四年。
(64) 杉野忠夫前掲「農村更生運動の展望」。
(65) 矢作栄蔵前掲「挙国一致の新経済政策」。
(66) 杉野忠夫前掲「農村更生運動の展望」。
(67) 石橋幸雄前掲「農村経済更生運動の諸動向と現段階」。
(68) 小平権一「農村経済更生運動を検討し標準農村確率運動に及ぶ」『農山漁村経済更生運動と小平権一』七一頁。

(69) 同右、一三七〜一三九頁。
(70) 同右、七一〜七二頁。
(71) 同右、一四〇〜一四一頁。
(72) 同右、一二八〜一二九頁。
(73) 同右、一五二頁。
(74) 平賀明彦前掲「日中戦争の拡大と農業政策の転換」『歴史学研究』五四四号、一九八五年、一〇頁。
(75) 戦時期の食糧増産政策を中心とした官僚の農業政策は、田中学「戦時農業統制」(『ファシズム期の国家と社会　2』東京大学出版会、一九七六年)を参照。
(76) 楠本雅弘・平賀明彦編『戦時農業政策資料集　一―三』柏書房、一九八八年、二八頁。
(77) 同右、六頁。
(78) 楠本雅弘前掲『農山漁村経済更生運動と小平権一』一三九頁。
(79) 国枝益二前掲「農村更生運動の意義」。
(80) 地方改良運動期にも同じ論理がみられる。地方改良運動については、宮地正人『日露戦後政治史の研究』(東京大学出版会、一九七三年)を参照。

第三章　昭和戦前期の農村における中堅人物の意識

はじめに

第二章において昭和戦前期の、国家官僚の地方政策の内容を検討した。第三章からは、その国家政策の展開の中で、村落社会の動向を中堅人物を軸にして探ることにする。つまり農民の意識、生活を中堅人物を軸に探ることによって、個人と国策との関係、村落社会と国策との関係に接近していく。

本章で取り上げる中堅人物は、群馬県新田郡旧木崎町（現新田町）の大川竹雄である。大川竹雄は一九一一（明治四四）年旧木崎町大字赤堀の大川吉之助[1]の次男として生まれ、一九二八（昭和三）年太田中学校を卒業後、農業に専念し、一九三二年一月群馬県の農家経営改善練習会に町から推薦されて参加、一九三三年には木崎町消防組四部小頭、一九三八年には赤堀養蚕組合会計、木崎産業組合理事、一九三九年には赤堀農事組合長、四一年には翼賛会木崎理事、翼賛壮年団木崎副隊長、一九四二年一二月知事の推薦で内原の農業増産報国推進隊の訓練（一九四〇年から開始）に参加するなど、赤堀の中堅人物・有力者といえる人物である。一九三九年の所有面積は山林を入れて一〇・六九町、経営面積三・九町であった。大川竹雄について触れる前にまず、彼の居住地域である木崎町、また赤堀について概観する。

第一節　村落の概況

一　木崎町の概況

木崎町は新田郡のほぼ中央に位置し、東は宝泉村、西は世良田村および綿打村、南は世良田村、北は生品村ならびに綿打村に接している。木崎町は一八八九（明治二二）年町村制施行時に木崎宿、中江田、下江田、高尾、赤堀の一宿四ケ村を合併して一つの町となった。木崎宿は商業地であり、他の四ヶ村は農業地である。一九三五（昭和一〇）年の総戸数は六〇七戸であり、その中の農家戸数は四三〇戸（七〇・八％）であった。木崎宿は明治中期「貸座敷ノ廃止ニ件《ママ》ヒ実業商家モ随ヒ衰ヘ生計困難[2]」となる状況であったが、交通便利にして依然として周辺地域の穀物、特に米麦の集散地であった。交通施設として一九一〇年には東武鉄道の太田・尾島・木崎・境・新伊勢崎間が開通したことによって木崎駅ができている。

市場への距離は太田町へ一里二六町、尾島町へ三一町、境町へ一里一〇町となっており、産業組合設置以前の生産物の流通状況をみると、まず繭の販売は製糸工場のある尾島、あるいは境町を市場にしている。特に境町が主市場であったため、一貫くらいの見本の繭を持って境町にあった片倉製糸、交水社、富岡製糸等の出張所を廻りながら、高く買い上げるところを探し、契約を結んだ後に、一戸当たり多くても四〇～五〇貫を牛車や馬車で会社まで運んだという。いうならば、個々人と会社との自由契約であった。米麦は、木崎の米穀商に売っている。木崎には、穀物検査場や乾燥場があったせいで、穀倉地帯として知られる隣の宝泉村の米麦のほとんどが集められる集散地であった。木崎の米穀商によって米の値段が決められたため、木崎穀価と呼ばれるほどであった。太田町には衣服などを購入する市場があった。また、山林地域である大間々の北部の産物である炭、小豆、大豆を購入するために、米を大間々に持っていき、物々交換した。

一九三五年の木崎町の生産総収入をみると、耕種一五万六六三六円（六七・一％）、養蚕六万三二〇九円（二七・一％）、畜産六〇九四円（二・六％）、林産二七八四円（一・二％）、副業三七八〇円（一・六％）、雑入一〇〇〇円（〇・四％）となっており、「米と繭」の構造になっていた。

生産関係支出については、雇用賃金や土地利用料（小作料に見積もって計算する）を除いて肥料三万四四〇〇円（六六・二％）、飼料八四八二円（一六・三％）、種苗一二六〇円（二・四％）、種畜二七四円（〇・五％）、蚕種六三二一円（一二・二％）、其他材料一二四四円（二・四％）となっており、肥料と飼料の自給化によって生産費を減らせる可能性はあった。

自作および小作別耕地面積をみると、自作反別は田一二〇町、畑一七五・六町であり、小作反別は田六一・五町（三四％）、畑一〇四町（三七％）であった。小作料は、一毛田の場合に〇・七五石（普通）、〇・八〇石（高）、〇・七石（低）、二毛田の場合には〇・九五石（普通）、一・〇〇石（高）、〇・九石（低）であった。また畑については普通畑の場合に一〇円（普通）、一二円（高）、八円（低）、桑畑の場合に一二円五〇（普通）、一五円（高）、一〇円（低）であった(3)。

単位面積当たりの生産量は、農耕地の灌漑排水の状況や土質の関係でそれほど多くなかった。特に赤堀地区は湿田が多く、麦に適していなかった。また、灌漑・排水ともに非常に悪く、干害を相当受ける地域では、耕作者が集まり、地下用水利組合を設立して、電動機および石油発動機をもって用水を引き、辛うじて灌漑に用いる状況である。一九三五年当時、このような組合は中江田、下江田、赤堀（赤堀では小作争議がきっかけとなって設立される）に各一つずつあった。木崎の東南部には待矢場水利組合があり、南部には佐波新田水利組合があった。

木崎町における村落運営上の大きな対立としては、町村制施行による小学校の位置選定をめぐる部落間の対立があった。「部内ノ折合ハ平穏ナリシガ、小学校之分離ニ付多少軋轢ヲ生シタルモ差シタル事ナシ、党派軋轢ノ弊ナシ」、あるいは「議員ハ小学校分離ノ件ニ付一名ヲ除ク外悉皆辞シタルノミニテ未ダ選挙ナシ、当時専ラ選挙準備中ナリ」(4)という一八九三年一二月一七日新田郡長中村邦彦の報告からその一面を窺える。この部落間の対立よりさらに村民間に大きな傷を残したものが一九二六年の木崎赤堀の小作争議であった。

二　木崎赤堀小作争議の経過

「無産強戸村と相並んで小作争議の本場として有名」(5)となる新田郡木崎町赤堀村の小作争議は、一九二六年一二月に起きた。

『小作年報』によると「本争議地木崎町大字赤堀ハ本県新争議地ノ一ニシテ小作人ハ須永某ノ指導ニ依リ大正十五年十二月一日日本農民組合赤堀支部ヲ組織シ（其ノ後全日本農民組合支部ニ変ス）大正十五年度ノ稲作ニ付キ不作ヲ理由トシテ小作料ノ一時的減額要求ヲナスコトヲ決議シ組合ノ名義ヲ以テ各地主ニ対シ十二月八日大正十五年度ノ小作料ハ三割乃至九割ヲ減額スヘキコトヲ申込ミタル」ことによって小作争議が起きた。一九二六年は干魃のため新田郡綿打、木崎、宝泉村一帯は深刻な水不足にみまわれた。当時の状況を伝える新聞記事をあげておこう。『時事新報』一九二六年七月一四日の記事には「大正十五年七月一二日、群馬県新田郡宝泉村等の農民、堰止めから争闘す」という見出しで、

群馬県新田郡宝泉村を中心とする附近約四千町歩は、旱魃の為め田植が出来ず、農民は徹宵弔水に努めて居るが宝泉村地内にあるかわうそ堰の下流に対し、上流民はぴったり堰を止めて下流に通水せぬ為め、下流民は憤慨し、

十二日夕刻から二百余名の農民は何れも鋤に鍬其他の凶器を持って堰を破壊す可く押寄せた為め、上流民もこれに応じ、三百余名は凶器を以て殺到し、同堰を挟んで十三日夜明まで相対峙中であったが、突然下流民が同堰の破壊に着手した為め、端なくも上流、下流民が大乱闘を開始した。急報に接し太田署から高山署長以下出動で現場に駈つけ、村民の鎮撫に努めたが、遂に二名の重傷者を出し、何れも生命危篤である。右に対し青山、彦部、赤石、増田の四県会議員は出県し、手塚知事に対し、一日も早く大正用水を開さくして、村民の苦痛を救済して貰ひたいと陳情した。

と報じた。なお木崎町の水騒動の状況については、『東京日日新聞』七月一七日に「群馬県新田郡木崎町その他の村民二百余名が、水騒動で県庁に殺到の途中警察官に阻止されたが、その内代表者と認むべきもの二七名が巧に警戒網を脱出して前橋市に来り、十五日夜は白井屋旅館に一泊して、十六日午前八時用水の公平なる分配方を手塚知事に迫るべく県庁に押し寄せたが、県庁前で多数の警察官に阻止されて、やむなく前橋公園に引あげ協議中である、一方木崎町長中島栄太郎氏外十一名も十六日午前十時前橋市に来り、右の連中と会合、あくまで知事に迫るべく、警察隊と小ぜり合中である」とある。つまり、町長も乗出して警戒網を破った一団とともに知事に水問題の深刻さを訴えたほどであった(6)。旱魃で水量が足りず「水騒動」と表現される激しい水争いのトラブルは各地で起きていた。

このように一九二六年の水不足による不作は小作争議が起きる背景にもなったが、特に木崎町赤堀部落から小作争議が起きたことは『小作年報第三次』でも指摘されているように農民組合の浸透とその指導によるものと思われる。赤堀の水田約四六町の中、争議関係水田が一三町五畝六歩（『小作年報第三次』によれば、一二町八反四畝一三歩）と三〇%程度で、木崎の平均値とそれほどかわらない。

ともかく、以前と違って個別交渉ではなく、農民組合による団体交渉という新局面に対し、地主側は同年一二月に地主会を組織して協議の結果、五分ないし四割の減額は承認するもそれ以上は応じ難いことを決め、その旨を地主各個人より各小作者に回答し、なお団体交渉は拒否すると伝えた。これに対し、小作者側は減額要求額を少々譲歩しながらも小作米を全部新田倉庫株式会社に委託して小作米の共同保管をなし、以後は減額要求額の目標を貫徹すべく地主にたいして徹底抗戦の構えをとった。

その後「同町長、町農会長或ハ町農会總代会ニテ屡々調停ヲ試ミタルモ、小作者ハ演説会等ヲ開キテ気勢ヲ挙ケ地主亦時々協議会ヲ開キ対抗策ニ腐心シツツ態度ヲ強硬ニシテ両者一歩モ譲ラサルニヨリ時々調停ヲ試ミタルモノアルモ常ニ不調ニ終レリ、更ニ同町出身弁護士関口某カ小作者ヲ招待シテ緩和ニ努メ協　調案ヲ示シテ妥協ヲ勧メタルモ応セス時日ヲ遷延シツツアリシカ、小作官ノ勧メニ依リ遂ニ昭和二年一月六日地主側ヨリ調停ノ申立ヲナスニ至(7)」ることになった。そのときの地主側の「調停申立書」の覚書(8)が残っているので、それを通じて地主側の言い分を聞いてみよう。

調停申立書

群馬県新田郡木崎町大字赤堀第五百参拾壱番地

申立人　　大川吉之助外二十二名

同所　　第五百六拾九番地

相手方　　大川作蔵外三十名

争議ノ目的タル土地ノ表示〔略〕

合計拾参町五畝六歩

事議ノ実情

爾来本村ハ水田四拾六町□反□畝ヲ有スルト雖モ人口又比較的多ク加ユルニ人家本域ノ西南方ニ偏シ耕作上ノ不便甚シク、従而隣村ノ者ノ本村区内ニ耕作スル面積僅少ナラス、故ニ耕作至便ノ他町村ノ其レニ比シテハ各戸耕作面積究テ狭小ナリ、然ルニ大正拾年秋ノ旱冷ヨリ今年度ニ至ル実ニ六ヶ年間ノ水田用水ノ不足其ノ他ノ天災続発シ其ノ都度小作料ノ軽減又ハ小作契約料ノ引下ゲ等ヲ行ヒ来タリシカ、多数小作者ハ其ノ味ヲシメ益シ自己ノ欲望ヲ充サント屡々集合ヲナシ同志ヲ糾合シ目的ノ貫徹ヲ謀リシモ、小作者ノ一部ニハ現下地主ノ経済的立場ニ同情スル論者モアリテ内議纏マラサリシカ、茲ニ数年前ヨリ典□闘士ヲ標明シ着ニ之レカ実績ヲ挙ゲツツアル本郡強戸村日本労農党幹部タル須永好氏ノ宣伝アリテ、其ノ内容ノ悪辣テシテ又危険思想ノ含有サルルモ知ルヤ知ラサルヤ啻表面ノ甘言ニ収覧サレ直ニ其ノ麾下ニ集合シテ該組合木崎支部ヲ創立スルニ到レリ、而シテ本年小作料ノ要求タルヤ実ニ方外ニシテ頭《ママ》底吾等地主ノ認容出来サル程度ノ者ナル而已ナラス、争議勃発以来各方面ノ有志名誉職員ノ仲裁アリシモ彼等ハ常ニ剛語シテ更ニ譲歩ノ態度モ見ヘズ、且ツ又先年引下ゲヲナセシ契約小作料ノ軽減ヲモナスヘシト声明シ居レリ、実ニ吾等自作程度ノ小地主ハ刻々ニ迫ル実生活ノ脅威ト今後必然的ニ起ル隣人交渉ノ圧迫トヲ想フ秋ハ如何ニシテ現行制度ノ趣意ニ叶フベキヤ実ニ憂苦ニタヘザルモノアリ、茲ニ連署ヲ以テ其ノ実情ヲ具述シ争議調停ヲ懇請スル旨ナリ

申立趣意書

右様ノ次第ナルニ依リ本年小作料ノ解決及ビ自作ニ須要ナル耕地ノ反還《ママ》ト将来ニ於ル争議ノ一掃ヲ期スル互譲的規約ノ確立ヲ計リ、依ツテ以テ彼我ノ福祉ヲ増進シ吾ガ農村ヲシテ永ク平和ノ楽園タラシメントスルノ目的ヲ以テ御調停相成リ度此ノ段及申立候也

公明聖大ナル司直ノ裁断ニ馮リ

大正拾五年十二月二十七日
昭和元年十二月二十七日
群馬県新田郡木崎町大字赤堀第五百参拾壱番地
申立人
大川吉三助
松村米三郎
小沢鍋次郎
地方裁判所長
森章三郎殿

『小作年報第三次』によれば、争議発生は一九二六年一二月八日、正式の調停申立は一九二七年一月六日、関係人員は地主二三人、小作人二九人、関係土地は田一二町八反四畝一三歩となっている。争議の性格については「土地返還、小作料一時的減額」と規定し、解決は一九二七年五月二五日となっている。しかし後述するように、その時には解決されていなかったのである。調停作業は一九二七年一月二一日に新田区裁判所において第一回調停委員会の開会によって開始されたが、すんなりと調停に至ったわけではない。以下、その経過を見てみよう。調停開始に当たり、

小作者ハ飽ク迄其ノ要求額ノ承認ヲ得ルニアラサレハ調停不成立モ可ナリト多数応援者集合シテ強硬ナル主張ニ出タル為メ、地主側ノ感情益々激昂シ今回ノ如キ不当ナル減額要求ニハ断シテ応スル能ハスト称シ、且ツ関係土地全部ニ向テ内容証明郵便ヲ以テ賃貸借契約解除ノ申入ヲ為シ、契約期間満了セル一部土地ニ付キテハ土地返還

ノ民事訴訟ヲ提起セルモノモアリテ直チニ小作料ノ納入ヲ為スト同時ニ速ニ本件関係土地ノ返還ヲナスヘシト要求シテ、其ノ紛争ハ次第ニ複雑トナリ容易ニ解決スル模様モ認メラレサルニヨリ、調停委員会ハ更ニ日ヲ改メテ調停スルコトトセリ、然ルニ植付季節ニ迫リ両者カ同一土地ニ付耕作ヲ争ヒ一時警察官ノ警戒ニ依リテ漸ク治安ヲ維持シタル状態(9)

になるほどであった。

地主側は一九二七年四月二一日に地主会を開き、以下のことを議決した。

会議目的

関口弁護士ヲ招待シ今後トル可キ手段方法ニ付テ指導ヲ仰キ合法的手続キノ依託ヲナス、尚同士ノ結束ヲ図ルタメ良法ヲ案出スルコト

議決要項

〔略〕

一、其ノ他一般無証明無期限ノ賃貸借ハ此ノ際一斉ニ解約ノ申シ入レヲナシ明年四月末日本訴ノ運ビトナス、解約申シ入レヲナス可キ地目名簿ハ今晩ノ作製ヲナシ、出来次第関口亀次郎氏カ前橋ニ持参スル事

四月二十九日夜協議

事項

一、町会ニ向ケテ吾等隣組同志ニ対シ、精神的経済的ノ援助ヲ乞イタキ旨ノ請願書ヲ提出スル事、請願書ハ来ル五月中ニ委員ニ於イテ作製シ置ク事

二、所得申告ハ可及的低額ニ申告スル事
三、吾ガ村ノ生マル偉大ナル政治家関口志行氏ノ後援会ヲ組織シ会長ニ関口妙次氏ヲ推ス事
四、其ノ交渉及申告申立ノ件ヲ斉シ全員関口氏ヲ訪問スル事
五月三日夜協議
出席　全員外関口妙次氏出席
事項　二十九日夜ノ決定ノ事項ノ件ニ就キ妙次氏ノ来場ヲ願イ懇談ヲナス、町会ニ向ケテハ請願書ハ取リ止メテロ頭ヲ以テナス事、人員ハ多田ノ所へ宮茂、松山ノ両氏、吉田、高田ノ両氏へハ松山・大吉ノ両氏各々四日中ニ出動スル事
一、志行氏後援会ハ組織ニ決定シ会長ハ関口妙次氏決定ス(10)

地主側は赤堀出身の弁護士であり、政治家である関口志行(11)を民政党員関口妙次を通じて法律顧問として迎え、調停過程を有利に進めて行こうとした。その一方、町会議員にも働きかけて立場を有利にするために、彼らを味方に付ける目的で整地作業を行っていくのである。ところで、植付の季節が迫るにつれ、両者が同一の土地に対して耕作を争い、険悪な状態が続いていた。

五月九日の地主会では耕作を行う直接行動を断行することを確認し、その「手順」として「警察官ニ内通スル事、其ノ際警官ニ対シ質問スベキ事、先方ガ暴行ヲナセントキハ先方ヲ殺シテモ差シ支ヘナキヤ、断行ノ日時ハ五月十二日午前八時、先方ヘハ断リナシ、仲裁警官来タリ中止命令ヲ発シタル時ハ左ノ質問ヲナス、一、中止命令ノ及ブ範囲、二、中止命令ニ依リ中止中先方ニ於テ耕作セシ場合ハ其ノ責任如何(12)」ということを決めている。

このような「植付季節ニ迫リ両者カ同一土地ニ付耕作ヲ争」う一触即発の対立状況は「一時警察官ノ警戒ニ依リテ

漸ク治安ヲ維持シタル状態」であったが、状況はますますエスカレートするばかりでそれに対応するために、地主側も小作側も団結力を強める必要性を強いられる。地主側は五月一四日の協議で「誓約〔加盟〕書作製並ニ証書作成」を決議し、五月一七日次なる契約書を作り、関係地主の結束を図ろうとした。

赤堀地主会契約書

一、吾等ハ吾ガ国体ニ馳背セル左傾思想団体ノ絶対排撃ヲ期センガ為メ同志間ノ相互扶助ヲ謀リ経済的確立ヲ期ス

一、吾等ハ所期ノ目的ヲ貫徹センカ為メ左ノ契約ヲナシ、若シ違背スル者ハ別項ノ罰則ニ服スベキ義務ヲ有ス

一、吾等ハ吾等同志ノ結束ヲ強メ又事件ニ対シ最終迄其ノ責ニ任セシムル目的ヲ以テ壱定金額ノ連帯借用ヲナス、但シ此ノ金ノ用途ハ小作争議対策上必要ト認ムル場合ニ之レヲ支弁スル者トス、但シ支弁ノ場合ハ總会ノ決議ヲ以テナス

一、吾等ハ吾等同志ノ間ニ於テ猥リニ同志間ノ秘密ヲ漏ラシ、又ハ不当ト認ムル行為有リタル時ハ総会ノ決議ヲ得テ除名ノ処分ヲナス事ヲ得

一、前項ノ場合又ハ不当ナル事由ニ依リ途中脱会スル者アル時ハ、別証連帯借用金ノ全額ヲ単独ニテ返済ノ義務ヲ負フ者トス

一、目的貫徹ノ上ニ於テ支弁シタル一切ノ費用ハ総テ反別割トナス、但シ茲ニ反別割ト云フノハ事件ノ終局迄ニ関連セル土地ノ面積ヲ云フ

右ノ條々確ト相守リ決シテ違背敷間仕リ候間後日ノ為メ契約ノ証トシテ署名捺印シ仍テ如件

昭和弐年五月拾七日

新田郡木崎町大字赤堀
右契約者〔略〕(13)

地主・小作双方とも結束を強めながら強硬な対立状態を続けているなかで、田植えの時期を迎え「調停委員会ノ熱心ナル調停」により、五月二五日に次の調停条項により「解決」している。

調停條項

一、申立人ハ相手方ニ対シ相手方カ申立人ヨリ賃借セル別表記載土地ノ既定小作料ヲ大正十五年度分ニ限リ旱魃被害ノ為メ別表記載ノ如ク減額スルコトヲ約諾ス〔別表省略――減額率二割、二・五割、四割、四・五割、六割、七割ノ六階級〕

二、相手方ハ申立人ニ対シ前項減額小作料中其ノ七割ニ相当スル額ヲ昭和二年五月三十一日迄ニ其ノ残余額（三割）ヲ同年十二月三十一日迄ニ支払フコトヲ約諾ス、但昭和二年度ノ作柄不良ニシテ収穫高減少（第五項ニヨリ減収ト認メラレタル場合）ノ為ノ該残余額小作料ノ支払不能ナルトキハ次年度ノ年末ニ之カ支払ヲ為スコト

三、相手方松村某ハ申立人松山某ニ対シ同人ヨリ賃借セル別表土地中新田郡木崎町大字赤堀字東油田二百七十六番田一段五畝歩ヲ昭和二年十二月三十一日限リ返還スルコトヲ約諾ス

四、相手方カ申立人ヨリ貸借セル別表土地ニ対スル昭和二年度以後ノ小作料ハ別表記載ノ既定小作料ノ儘トシ、相手方ハ毎年度其ノ年ノ十二月三十一日迄ニ合格玄米ヲ以テ申立人ニ支払フ事ヲ約諾ス〔別表省略〕

五、相手方ハ申立人ニ対シ天災其他不可抗力ニ因ル収穫額ノ減少ヲ理由トシテ小作料ノ減額ヲ請求セムトスルトキハ立毛刈取前ニ之ヲ為スコトヲ要シ其ノ後ニ於テハ之カ請求ヲ為スコトヲ得サルコト、相手方ヨリ収穫高ノ

減少ヲ理由トシテ小作料ノ減額ヲ請求シタル場合ニ於テ減収ノ有無、其ノ程度、又ハ減額率ニ付当事者間ニ意見ヲ異ニシ協議調ハサルトキハ当事者ハ各自本件当事者中ノ地主、小作人ノ双方ヨリ五名宛ノ委員ヲ選定シ該委員ニ於テ坪刈、又ハ其他適営ノ方法ニ依リ検見ノ上小作料ノ減額ヲ相当トスルトキハ其ノ率ヲ決定スルコト、当事者ノ一方ヨリ検見ノ申出ヲ為シタル場合ニ於テ其翌日ヨリ三日以内ニ当事者ノ何レカノ一方カ委員ノ選出ヲ為ササルトキハ一方ノ選出シタル委員ノミニ依リテ前項ノ決定ヲ為スコト

検見ノ結果ニ依ル小作料減額ノ要否並減額率ハ委員過半数ノ意見ニ依リ之ヲ決定ス、当事者ハ該決定ニ対シ異議ヲ唱フルコトヲ得サルコト

委員ノ意見過半数ニ達セサルカ為メ前項決定ヲ為スコト能ハサルトキハ当事者ハ立毛刈取前合意ヲ以テ新田区裁判所ニ調停ノ申立ヲ為スコト、若シ当事者中何レカノ一方ニ於テ該申立ヲ為スコトヲ肯ンセサルトキハ減額ノ請求ヲ承認シ、又ハ減額請求ヲ抛棄シタルモノト看做ス

六、申立人ハ曩ニ本件土地ニ関シ相手方ニ対シ為シタル賃貸借解約ノ申入ハ総テ之ヲ撤回スルコト

七、本件調停費用ハ当事者ノ自弁トス(14)

小作争議の焦点は小作料の減額をめぐる攻防であった。ここでは小作料の減額という生活に直結する経済的要求によって、小作農民（これには自小作の小作人も含まれる）を糾合することができた。一九二六年度の小作料の割引高は最初は、地主側が五分から四割を設定しており、小作人側は三割から九割を要求していたことからみると、調停の結果は小作側の要求をより取り入れた形になった。

また既定小作料の公認化、小作料減額の方法の規約化によって一応争議は解決したのであるが、小作料問題の規約化によって、これ以後、小作料問題を地域内で解決できたかといえば、それほど簡単ではなかった。感情の問題があ

り、相互不信になっていた。調停以後の小作料問題についてもみてみよう。同年の小作料について「十月十四日夜八時頃先方〔小作側〕要員五名宮田峰作宅ニ来タリ、減額要求並委員選出ヲ正式ニ申シ出ス、十八日解答ヲ約ス、十八日午後八時頃先方ヘ回答ヲナス、一、委員五名選出。二、〔委員会〕時期十九日午前八時、三、会場ハ寺ニ於イテナス(15)」とあるように個人間では決定せず、調停条項第五項に基づいて地主や小作双方の五名ずつの委員会を構成することになったのである。

地主側の委員は、松村米三郎、関口亀次郎、小沢、宮田茂次、宮田峰作であり、小作側は、小沢新太郎、大川三郎、大川仁三郎、磯実太郎、小林金次郎などの小作争議の中心人物であった（表8参照）。そして一九日の委員会においては、「合意調停申立テヲ約ス、但シ提案トシテノ説明ハ具陳シ該委員会決定ニ対シテハ相互トモ違議ヲ申シ立テザル事ヲ諾ス、即日申立テヲナス、十九日夜、委員会ノ報告、裁判所ヘ申立テ報告、先方ヨリ失格題□取リ消シヲ要求シ来ル、明朝諾否ヲ解答スルヲ約ス(16)」とあるように、意見の差は平行線のままで小作料を決定できず、裁判所へ申し立てを行うことになった。結局、裁判所の調停という外部の調整によって小作料の減額を決めることになったのである。

一九二八年にも状況は変わらず、むしろ悪くなる傾向にあった。同年一〇月八日に小作側は小作料の減額および委員選出を要求し、一一日に委員会開催を申し出た。これに対し、地主側は一〇日一斉に内容証明郵便を用い、委員選出方法への異義および委員会の日時（一二日要望）や開催場所の改訂の申し出などを含んだ書簡を送付した(17)。地主側の基本的立場は、

今年度稲作ニ就テハ減収ノ懸念ヲ認メズ、尤モ稲作ノ豊凶ハ坪刈実収ニ非ザレバ確定ハ致サズ候故当区裁判所ニ合意調停申立ヲナシ該委員ノ坪刈ヲ俟テ決定致ス可キニ付、合意ノ申立ヲ提唱シ若シ貴下ニ於テ肯セザレバ当方単独ニテ申立ヲ致ス可ク候間左様確ト御承知被下度候(18)

というものであった。減収を認めない地主側はもはや当事者間の協議に解決の期待を託さず、裁判所への調停申立によって解決しようとしていた。それほど部落内の地主側と小作側は感情の溝が深く、信頼関係が崩れていた。地主側申し出の一二日の委員会開催は、不満を持った小作側の不参加で開催できなかったほどであった。これに対し、地主側は一六日までに、調停申立に対する小作側の諾否の回答がない場合は、小作料減額の請求の放棄と認定すると通知した。結局、裁判所への調停申立によって一九二八年の小作料決定も行われることになった。地主側はそれにとどまらず、小作料が履行期日までに納められなかった者には賃貸借契約の解除を申し入れた。

右表示セル物件ノ昭和参年度ノ小作料ノ納入ハ同年壱拾弐月参拾壱日限リナルモ該決定ノ履行無之ニ付、茲ニ民法五百四拾参条ニ依リ右契約解除致シ候也

これと似たような内容の契約解除申入書が一九二九年一月に地主側から一斉に出された。これを不服とする小作側と、契約を解除しようとする地主側との間で、またも裁判が行われる状況になってしまったのである。

これに対し、県の小作官の和解の努力、町当局者の努力、長い対立紛争から来る疲れ、調停費用の負担などの要因が重なって、一九二九年一〇月二八日、赤堀八幡宮にて平和報告祭を行い、小作争議は実質的な終止符をうった。平和報告祭開催の条件は物理的な力による小作争議を止めること、小作料は前記の一九二七年の調停条項に依拠すること、および赤堀揚水耕地整理組合を作ることであった。赤堀揚水耕地整理組合とは、西田揚水組合ともいわれるもので、小作争議の原因が水不足にあったという認識のもとで、水不足地域である西田に揚水組合を作ったのであった。井戸作りの経費や井戸回りの土地購入費を西田に土地を持っている土地所有者が負担し、組合運営費は耕作者が負担す

ることとした。運営費とは、電気料、燃料、修繕費、税金（井戸回りの土地に対する固定資産税）であった。後になると、土地所有者から耕作者の組合に変わっていく。(19)

一方、平和報告祭の気運に乗じ、地主側も小作側も共通の関心対象である農事改良のために、一九三〇年には農事研究会である「赤堀興農会ノ設立ニ奔忙ス」(20)る動きがあった。農試・蚕試・畜試の視察、農試主催の富民協会米穀多収穫東毛競作日の視察、当時盛んにいわれた多角化農業の研究など、収入拡大のための農事改良研究が目指されたが、後に既存の赤堀農事組合の活動と重なったため農事組合に吸収された。

以上の経緯により小作争議には終止符が打たれたが、そのしこりがなくなることはなかった。その中で一九三二年小作組合の幹部が相次いで南米ブラジルに移民することになって、赤堀小作組合の力が弱体化して以後、赤堀での小作争議は表舞台から姿を消していくのであった。その様子を伝える新聞記事を紹介しておこう。

有名な争議村心境変化、続々海外へ

新田郡木崎町赤堀村は無産強戸村と相並んで小作争議の本場として有名であつたが、昨年来地主も小作人も争議の不利益を覚り心境の変化によつて一路農村振興のため協力しつゝあつたが、最近小作人間には南米や満州等の海外移民熱が台頭し続々移民者を見る模様で県農務課でもこれが成行を注目してゐる、同村小作組合の幹部小林金次郎〔四三歳〕氏は現在の窮乏農村救助は海外移民の外なく二男以下は土地を捨て永久の大計を立つべきであると村民を説き、自身は九日神戸出帆のリオデヂャネロ号で一家七名コーヒー香る南米ブラジル、サンパローに群馬村建設の第一歩を踏み出す事となつたが、なほ同村石塚吟衛、萬塚貞雄君等も渡航の準備中で永年の争議村が方向転換とあつて各地の注目をあつめてゐる(21)

第二節　「草の根」農本主義

日本近代を、「文明」と「伝統」という軸で捉えたとき、昭和戦前期は西洋文明に対する相対化の意識が強く、反西洋文明的、自民族中心主義的な価値を唱えることによって、民族の誇りと自尊心を求めることが強い時期であったと思われる。この節では農民の意識というものを反西洋文明的、自民族中心的な価値、農村でいうならば農本主義が、資本主義経済、近代化の波に接してきた農村社会にどの程度浸透できたのか、すなわち、どのような形で受け入れられ、どのような役割をしたのか、という課題を中心に叙述する。

このような問題を農民の生活意識から分析した研究がすでにある。鹿野政直氏は、一九二〇年代を通じて揺れ動いた農村青年の意識をたどり、青年達は農村受難という閉塞状況の打破を模索しつつも、ついに光明を見出せぬまま絶望と怨恨を深めていき、一九三〇年代には国粋的な価値、農本的な価値にとらわれていくとみる[22]。鹿野氏を含め、多くの研究者が都市と農村を対立的に捉えようとするのに対し、板垣邦子氏は、都市と農村の共通項を見出そうとし、当時の農民の間では反都市的な農本主義の影響は弱く、都市の「文化生活」（モダニズム）へのあこがれや個人中心の傾向が強かったという結論を導き出している[23]。

板垣氏の論理は充分首肯できるが、問題なのは農本主義とモダニズムを対立観念としてとらえることである。弱者としての農民に誇りを持たせる農本主義と、生活向上のためのモダニズムとの間には接木されたところが多く、その分「草の根」農本主義（運動家の農本主義ではなく、それの受け入れ側、つまり自らの農業経営に生活の存立基盤をおいている耕作農民、いいかえれば現実に生活する耕作農民の農本主義をここでは「草の根」農本主義とよぶ）の実態が問われるべきであると思われる。以上の問題意識から、「草の根」農本主義の一断面を大川竹雄の記録を通して探ることにする。

一　昭和三年日記

大川竹雄は、一九二八（昭和三）年太田中学校を卒業してからは、農学校に進学し将来技師として月給生活することを考えていた。しかし「只作男の居らなかった為に一農人としての各種万般の体験をなし得、従って過激な労働に終始し[24]」たと回想しているように、兄（長男）が病気がちで、一九三〇年に死んだため卒業してからは父を手伝い、農業に専念した。

中学校卒業（一八歳）の年の日記が残っているのでそれを通じて農村青年の意識をうかがってみよう。日記の内容は、大体、小作問題、社会や政治への関心、家のこと、学校の生活、自分自身の鍛錬、娯楽（遊び）などであった。大川は、前述したような小作争議の経験に強く影響されていた。病気の父に代わり地主会議や裁判所での調停にもよく参加した。二八年一月の日記には、小作争議の指導のため村に頻繁に来た須永好についての評価や、地主会の模様が書いてある。

一月十四日　〔太田町の〕時計屋にいく、〔略〕須永好来たり、一円の代を払って立ち去る、小さな声で須永ですが、何だか一種の面白味があった、鳥打ちをかぶって、粗末な洋服を着て、中位の自転車に乗って、彼は東毛三郡の農民の為に一時計屋の小僧にさえもその名を語るをはばかるのであると言えば殊勝なこと、彼の心事には同情すべきだ、然し彼が用いる奸策の後を探るときに彼には少しもその心情同情すべき心情はない、彼が農民の為に戦い始めた時はいざ知らずそれは彼の人相がそれを物語っている

一月十五日　前々日の予定によれば今朝早く地主会議を開くのだとか、十一時は最早朝ではない、ようやくして

正直な大川長十郎氏来たり、松村氏来たり、用事の為帰家、小澤氏来たり集まらないのを以て帰る、漸く十二時過ぎに到って三、四人来た、何という地主会議なのだろう、朝と云うから朝早く来た新屋等はいい面の皮、朝早く来ては待ち付けもらって集まりかかると使い走りだ、役に立たないから何だろう、正直に真面目に熱心に事を行う人をあえて、地主組合だけでは無いが、馬鹿だからだとか、一さく置きだとか云うのは日本帝国の国粋だろう

須永好の用いる戦術を「奸策」と批判し、またたらしのない地主会議を描いている。大川は小作争議の小作側の行動に反感が強く、後に「赤堀の小作争議は農民運動でなく小作料減額運動であ」ると非難したり[25]、農村内部で争うことより、農村が団結して争う相手は別にあるとした。このような意識は彼が産業組合運動に走る思想的基盤になった。

なお一月二日には「朝早く初荷を出す、梶塚〔木崎〕へ二俵、森田〔世良田、祖父の兄弟〕に二俵、帰りに世良田福引きにいく、蚕紙を貰う、境にいく、露店を開き五十円賣る、本店は五百五十円計六百円実に商人の利益あるに感ず、然してあまりに百姓の利益なきに亦感ず、それ制度の欠陥か、将又国民の無自覚か、亦一考なり乎」と書く。これは境町にある大川理三郎（叔父）の洋品店を手伝った時の日記であるが、商人に比べて利益のない農業に対し「制度の欠陥か、将又国民の無自覚か」と自意識を強める。利益のうすい百姓生活から脱出して将来技師として月給生活することを考えていた彼がその夢を断念して「百姓」をすることに決めた以上、農民としての自意識を強めざるを得なかったのだろう。

また、社会問題については、「二月二十五日、有馬伯の講演会が伊勢崎であった。教育の二字にもかかわらずあまりに労働問題みたいで変に思った。なにしろ彼は華中界の新人である。その源流一つを欠くといえども彼の意気見るべきものあり」と書いたり、三月二一日は「野田争議」の記述があり、労働問題にも関心を寄せていた。

そして「三月二十二日、今日□□君〔□□居住〕より来信、彼の筆上手に驚く、卒業間際において彼は吾に反した、そして来信を持って交際を希ったのである。水平社員の悲哀、彼も変わった人間でないのに、嗚呼此の差別等を打破すべきだ」と水平社員に対する人間的な同情をあらわす。デモクラシーが吹聴されていた社会的な雰囲気のなかで大川も「デモクラシー　一、政治的デ……主権在民、民衆政治、二、社会的デ……機会均、階級世襲打破、三、産業的デ……産業自治、労働者自経営、文化的デ……文化在民、五、国際的デ……民族自決」と書く。デモクラシーの理解が定着したかはともかく、どのようなものであるかという関心があったのは間違いない。

しかし当時の普通選挙については時期尚早と批判的である。

一月二十三日、議会は解散になった。真の民衆政治の緒は開かれ、禁中に密せられた政治は真に来る選挙に於いて大衆に開放されたのだとか、普選然るべきどもその可否は時期の問題だ、果たして帝国国民に専制政治より解放され政治の政も知らぬ多くの大衆に普選の意義が徹底したのだろうか、その結果なるや如何に

普通選挙自体に対しては反対しないが、投票する大衆に問題があるという見解であった。民度が低いという彼の認識は、後に自己研鑽のために読書せねばならぬということから図書館設立運動を起すなど、人格の修養を重要視する活動の基盤となる。このように普通選挙を醒めた目でみる大川は、当時の政治家に対しても同様の見方をする。一月六日には次のように書く。

大武藤の大演説会が尾島に開かれた、非常なる盛大なる会であったらしく、二十台、三十台組んだ自転車組の往来で道は非常ににぎやかであった、単なる政務次官が来たというのに大騒ぎする所に大日本帝国の国民の心情が

思いやられる、政務次官がなんだ、もしも人が地位を以て評価し間違いないとすると、国家の銭をごまごまして帝国国民から追求されて赤くなってしまった現総理大臣等はよっぽどの真の人格者だ、然しあんな人間は論ずるに足らぬ人間だ、唯本当にユーズー〔融通〕が聞いて物のわかりの良い利巧者の標本に過ぎないのである

当時の政友会内閣の政治家については批判的にみていたのに対して、最初の普選では小作争議時の地主側の法律相談役であり、赤堀出身であった民政党の関口志行は応援していた。日記から選挙関係の記述を拾ってみよう。

一月二十一日　父は夜遅く迄明日の関口志行氏の立候補の用意に関口妙次氏宅に協議す、今日午後二時議会は遂に解散となったとか、若い議員の胸はさぞかしおどる事であろう、関口氏にしても十名の候補に五名の定員では危ない、民政党大会政友会大会開かる

一月二十二日　昭和倶楽部〔関口後援会〕発会式は非常の盛大であったとか、関口氏のために氏の健闘を祈る

一月二十七日　関口氏、清水氏立候補問題片づかず

二月八日　道辺に張られた選挙の立候補ポスター、関口志行〔略〕等、普選の到来と共に代議士も何の事もなく出るようになった

二月二十一日　昨日前橋に行き関口候補ポスターのたらざるを憂う、氏の宅の側を通っても真に静かすぎた、明日発表だがどうしたことか夜父新田の表読み待ち来て形勢危なけれど……一脈あると思い一安心する

二月二十七日　清水氏の当選お礼演説会〔伊勢崎にて〕大盛座にあるはず、行かず

大川は一九二八年には一八才で選挙運動は出来なかったが、関口を支持していた。赤堀では関口と須永好との一騎

打ちであった。このときは二人とも落選。関口は一九三〇年にも立候補して当選する。「昭和五年二月十五日、此の日より十九日迄千社祈願関口志行の為赤堀青年有志」「三月三日、志行先生宅に宮茂と礼に行く。五十円と着物」[26]と書いてある。ここにみられる普通選挙の運動は、関口妙次や大川吉之助などの一つ上の世代と、実行隊である青年グループとの連係プレイであったことを指摘しておく。つまり青年グループの独自の行動ではなかったのである。

政治・社会に関心があったとしても、個人的に最も重要なのは自分の問題や家庭のことであった。一つの目標を決め、それを成し遂げる「意志」というものが続かないことに関して、自分自身を引き締めるような記述が繰り返される。その一方で、友達とのトランプ遊び、活動写真の楽しみなど洋風の遊びの面白味も述べている。また、父に対しては時代の変化をつかむ強い父親像を求めていた。

二月二日、青年の時代は吾等に到来した、精心の拡大するときは此の時期だ、然るに父の暗い暗を見るといやになってふるえている様ないやな気持ちになる、それと同時に母や姉の心の中が思いやられてたまらない、最上の姉は、次の兄は、次の妹は、お父さん一体どうしてくれるのです、父は父としての義務を果たしていないと僕は断言する、世は進歩しましたよお父さん

二　農本主義との出会い

1　百姓ども黙れ

大川が中学校を卒業してからは父を手伝い、後継者として本格的に農業経営に専念するようになったことは前述した通りである。しかし、農業について知識もなく、一人前の農民になることは簡単なことではなかった。一九三〇年

度の農事への感想を次のように述べている。

　昭和五年度は増々農道精進の信念に燃え照介《ママ》す、雑誌の購入熟読す、対談《ママ》に唯すりへて農の一字につきて居た、自分でも他の書物を少しは復習しなくてはならぬと思っても遂に読んでいるものは又農業の書物であり、自分でも不思議に思うほど勉強した、昨年迄何に知識もなく突然の事であったので随分農業上では失敗した、温床と苗代、その他の作物の品質や管理は少しも知らず、喜君〔雇い人〕等には頭は上がらなかった(27)

自分の生活基盤である農業に対して猛勉強している様子がうかがえる。では、なぜそれほど勉強したのか。農業から離れられなかった大川は未来を農業に託し、一九三〇年に「近代的産業としての農家経営」という農業経営改善計画案を作っている。労働力への考慮を欠いたものではあるが、収入増大を目的に、耕地面積の拡大、米、養蚕に加え新しく商品作物として果樹、野菜の栽培、山林の経営、多角化農業としての家畜飼育（飼育家畜数の多さが特徴）などを内容にしている。

　この案に対し、一九三二年九月一五日に「此農経改善案は昭和五年の試作だったのである。中学校を卒業し、若き篤農家たらんとの理想に燃えて居た時に作った。したがって、今にして思へば随分間違った考えを持って進んで居たのである。農業本来の使命を知らず、多角形農の本質弁ぜず、資本主義的思想を持って本草案を作った様子であるが、此の点等、特にひどく誤りである」とつけ加えている(28)。農業に携わったばかりの彼が、猛勉強してたどりついたのが、農業経営の究極の目的は「資本主義」の追求、つまり収入の増大であったことを指摘しておきたい。

　ところで、農業従事以来、彼が悩んだことの一つに小作問題があった。前述したとおり小作争議の経験は彼に強い影響をおよぼしており、地主側からも「上げ地騒ぎはこりこりなり(29)」、小作人からも「自分〔磯実太郎〕も今まで小作問題でこりこりだ(30)」という雰囲気があるなかで、部落内部で争うことを問題視するようになった。特に小作争議ではお互いの行為を「奸策」と呼び、駆け引きの中で人格の破壊を味わうつらさもあった。人と心の革正なしに農村の平和を実現できるのかと、痛感したに違いない。

もう一つは、農民としての存在意識の喪失であった。自らも技師として月給生活者をめざしたこともあるように、農民の生活を離れようとした。当時の社会は農民を賤民視しており、農民自らも卑下している状態であった。その中で彼は農民として定着した以上、農民としての生きる誇りを求めようとした。しかし農耕生活に追われ、「共同体」生活に安住している限り、農民としての自意識を確認しようとする緊張は薄れてしまう。彼が農民として自意識を持つのに強いインパクトを与えられたのが東京で受けた屈辱感であった。一九三二年末か三三年初頭頃、第一回の東京訪問の記録に「東京劇場に於いて騒ぐと皆百姓黙れ、土百姓黙れと叫ぶ(31)」とある。彼は、次のように述べている。

職業上また小作争議の経験から農村問題を考えていた頃、初めて東京に行った。当時朝日新聞連載の中里介山の大菩薩峠伝を劇化し、東京劇場で公演していたので見に行った。有名な役者辰巳柳太郎〔机竜之助を演じる〕が舞台に出ると大騒ぎ、おさまらなかった。その時ちょうど前に座っていた紳士団が「百姓ども黙れ」と沈めていた。百姓どもは馬鹿野郎という賤民視する言葉。小作争議を経験して農業問題を考えるようになり、そろそろ農業とは立派な仕事であると考えていたところ都会の、それも立派な紳士の蔑視の言葉を聞いて怒りを感じた。農本主義のスタートの原点になり、人生の原点になる。信念の芽生えはそこにあった(32)。

農民というものは蔑視されるほどみじめなものなのか。怒りと無力感が相互交差するなかで、農民としての誇りを求め遍歴する長い人生が始まるのである。始まったら結局終わることのない旅、その最初の痕跡が一九三二年の記録には残っている。一九三二年の手帳には、岡田温『農業経営ト農政』、吉植庄亮「農村ヲ嘆ク」、黒正巌（京大教授）「農村問題」、東郷実「農業ト国是」、新井友吉『日本一ノ百姓トナル迄』（昭和七年四月読む）、大川周明「日本及び日本人の道」を読んで要約文を残していた。また、「長野朗氏請願運動を起こした理由、土木事業反対の理由」、「農村の税負担、福沢泰江全国町村長会長」、古瀬傳蔵の「百姓ダッテ人間ダ」「農村ヨリ社会へ」という言葉、澤田寛人『農民ニ味方シテ』（本の名前がいいので買っておいたという）など農村問題に対する幅広い関心を見せていた。そして次のような言葉をメモしていた。

人曰く、剣の兵あると共に、鍬の兵ありて国は存す、農村は国家の単位にして一族は之が基礎たり、而して、禾麦互いに天下の至宝にして、連城の壁、夜光の珠焉ぞ。民を春を待し、農業状態と運命はやがて国民の状態と運命なり」、「イネ＝飯根（イイネ）……命の根……食の根元人命延長の元、米＝ヨネ……世の根、人命の延長の根本事は農業によりてのみなされる

金を得る手段としての稲作には農業の持つ使命と意識が宿らなひ、金を得る手段としての炎天の田の草取りの余りにも悲惨なるを感ぜざるを得なひと共に、天地の化音を讃える業としての農業生業は善なりとの信念に発する農作生命肯定の後に来る農業(33)

一九三二年頃はこのように農の意義というものへの自意識が芽生えていた。しかしそれが大川のなかに定着したかは別の問題である。どのように定着していくのか。以下それを追ってみることにしよう。

2　農本思想への遍歴

①清水及衛との出会い

上記のように自分なりに農民の誇りを求めてさまよっているうちに、群馬県に農本思想上の影響を及ぼした人物に出会うことになる。

大川に農本主義的な影響を及ぼした最初の人物が群馬県の二宮尊徳といわれ、産業組合運動に情熱的だった清水及衛であった(34)。清水及衛（一八七四〜一九四一年）は群馬県勢多郡木瀬村野中に生まれ、一八九二年野中部落振興運動の一環として同志二六人とともに共同積縄組合を結成し、毎晩縄をない、その売上げを貯金していった。一八九八年には野中協同組合に発展させ、信用購買販売利用組合として運営した。これは産業組合の前身の一つであるといわれる。一九〇〇年に産業組合法案が議会を通過したのに応じ、清水は一九〇二年には無限責任野中信用組合を創立し、その組合長になった。同時に木瀬村農会長にも就任し、農事改良を実行した。一九二四年には有限責任木瀬信用購買販売利用組合を設立し、組合長となる。傍ら一九一〇年群馬県産業組合支会理事となり、大正・昭和にわたりその任にあった。一九三二年農林省経済更生部嘱託、農山村経済更生群馬県委員などを歴任、和合恒男の私塾「瑞穂精舎」の講師としても活躍した人物であった。まず大川は次のように述べている。

農村振興ということで清水さんが県から講師として頼まれてきた。当時の議員関口妙次の宅で農業経営改善運動の一環として部落座談会があり、そこで講演をした。若かったので中には入れなく縁側で聞いた。おもしろい話だったので後にもっと話を聞きたく青年五、六人で訪ねた。驚いたのは奥座敷に本だらけだった。当時の百姓の家は本を買えない状況だったたし、またあまり本を読まなかったので本が余りなかった。そこで自分は人格の完成のためにも本を読まなければならないと思ったし、和合の瑞穂精舎の短期教育を受けてからもっとその必要性を感じ部落文庫運動を起こした。町に対して図書館をつくることを要求したが、なかなか実現できなかった。昭和一四年一二月配給所完成の時にその一室で「うぶすな部落文庫」をつくった[35]。

清水及衛と最初に会ったのは一九三〇、三一年頃だが、大川は「昭和六年二月八日　清水及衛宅より初生雛一〇〇羽を求む」とあるように清水から多角化農業経営をはじめ、いろいろな面で影響を受けるようになる。清水及衛は農業の意義を次の如く説く。

今日は文明が進展し交換経済が発達し、金さえあれば自由に交換し得る。したがって金を得ることが目的となった。しかしそれは富の生産ではない。人は人間として存在している以上、衣食住を持たなければならない。いいかえれば、それは生命の維持であり、富の消費である。農業というものは天地との共同作業であって、無を有たらしめる仕事である。富の生産であり、生命の維持である。農業は隣の人に知らないことがあったらお互い教えられる。隣に教えるからといって俺の方が減るわけではない。日本民族の理想の協同主義、共存共栄は農村でなければできないのだ。それに対して、商人の行為は生命の維持でも富の生産でも何でもない。単にものを右から左に横流ししたにすぎない。また、都会は金が主であり、物質文明の社会である。農村は人が主であり、精神文明の明るい社会である。ここに農の意義があり、金のために農業をやるのではない[36]。

清水の論をどのように受け入れているのかを、一九三二年一月二一日から二七日までに、群馬三郡の講習生を対象にした農家経営改善練習会における清水の講演内容の記録[37]から窺ってみよう。

講演題目は「相互組合主義」。講演の内容は、まず「農業日に進んで農村亡ぶ。〔略〕現在生産技術及び販売技術は徹底しているが、指導原理は交換経済即ち資本主義の経営指導、この方法で行けば農家は必ず滅びると余は叫ぶ。この反対の手段を以て農家の幸福手段として居る技師や技手には僕は非常にいやがられる」と言ってから、その論に基づいて、収入が少なく支出の多い一般農家が、自給自足を離れて金を取って物を買うという商業原則と同じようなことをやって行こうとすることは根本的な誤りであると力説し、農家経営の五条件を提示した。五条件とは、「一、協同的家族本位の労力分配。二、地力維持培養上無欠陥組織—自給肥料。三、地理気象の関係と販路又は自家利用転換。四、土地建物機械などの固定資産—可及的少なく。五、生産費と流通資金をなるべく少なくする」ことであった。具体的な案としては、組合主義、多角化農業、労力の強調にあった。特に「日本農業に於いては労力は資本であり、収入である」、「日本の農法はより働く事より他になひ」と勤労主義を強調していた。この講演内容に対して大川は次のような疑問をメモしている。

一、多角形農は少する場合に於いて成功であり、すべてに普及するなれば別の大問題、即ち農産物の暴落を来たしはしないか、長い生命力のある経営法にあらずと信ずるが如何、特に一般物価に比し農産価額が特に安く此の為に農村の不況を一層深刻にして居る今日〔肉や卵豚の如き〕農業経営のみによらず農政運動の必要なきか、即ち税金政策と硫安の問題、都市農村の問題など

二、農家経済の根本は労力である点に就いて？

三、農業経営の目的は何か金ではないか

四、資本主義的では何故悪いか

五、農村の役問題をどうする(38)

清水及衛の長い体験から生まれた農の誇りの教えについては、大川に異存はあるまい。これにより農民として自負心を持ったに違いない。また、都市の資本主義から農村を守るための産業組合運動の必要性の教えについても感銘したのであろう。大川が後に産業組合運動に参加して木崎に産青連を結成し、木崎産業組合の設立運動の推進力になったのは清水の影響が多かった。しかし、激しい労働を避けたいことは一般農民の念願であろう。日本農業において、労力は収入であり資本であるからもっと働けという清水の主張について、「農家経済の根本は労力である点に就いて？」と、疑問をなげざるをなかった。また農村救済のためには大川は経営努力のみでは限界があり、農政運動に目を向けるべきではないかと思っていた。

そして注目したいことは、農業の意義は金のためではなく、別の所にあるという説明に対し、農業の目的は農業経営の利益を出来るだけ多く得ることが目的ではないかと思っていたことであった。しかし、後述するように以後は、それを口にしない方向に向かう。大川は清水及衛の「人道上の意義と精神上の自由はこの業の誇りなり」との教えを大切にし、よく引用していた(39)。

②和合恒男、折口信夫との出会い

一九三三年には、長野県松本の農本主義者和合恒男の私塾である「瑞穂精舎」の短期講習を受けることによって和合、折口信夫と接することになる。和合恒男（一九〇一～一九四一年）は長野県東筑摩郡本郷村生まれ、一九一九年旧制松本高校に入学、高校時代には日蓮主義に接した。二二年東京帝国大学印度哲学科へ入学、卒業後宗教的教理の実践を農民生活に求め、「百姓」生活をはじめた。一方、二八年私塾「瑞穂精舎」を設立し、農本主義教育に乗り出す。三一年に雑誌『百姓』を創刊して一般農村青年の啓蒙に力を入れるかたわら、社会運動の地盤として日本農民協会を結成、「農村救済請願運動」を推進する自治農民協会の主力組織となった。三五年に県議当選、一期を務めている(40)。大川が和合恒男とどのようなきっかけで出会うことになったのか、どのような点に魅了されたのかを知るために長文であるが、大川の記録から引用しておこう。

僕が和合恒男なる人間を知ったのは昭和七年七月頃と思ふ。勢多農家経営研究会主催の本に和合氏の講演会が農試の農蚕会館にあった時であった。最も此の以前三月頃新田郡農会〔太田所在〕に於いて清水及衛と共に講演されたということを聞いては居た。そして此の時恒男氏が発行している「百姓」なる雑誌を〔関口〕渡君や磯恒男君〔産青連仲間〕等より借り受け一読した事はある。「百姓」誌の中に秘められてある農人精神や農政観又聴講者諸氏の話を総合して一度は御話を聴きたいものと思って居った矢前農試に和合氏の講演会ありと新聞で見、仕事を廻して飛んで行った理である。

講演者は清水及衛先生の紹介に始まり、県農会、県農試の役人連も大分詰め掛けて来て居た。此の時の御話の大要は昭和七年度の手帳に詳記されて居るが、要するに農村の現状打開の道は農人精神の高揚、経済及び政治的打開並に官僚、資本、文化主義の打破にあると言ふのであった。木綿の着物に手拭をぶらさげ髪はぼうぼうと生え、赤ひヒゲの中に包まれて居る農民救済の意気に燃えて居る眠光きら星の如く、両側にならんで居る役人連を尻目に掛け、火の如き熱弁を持って説く。此の意気に僕は飾らざる赤裸の人間を生まれて始めて見たのであった。政治にかたよらず、経済運動に没頭せず、さりとて精神運動ばかりでなひ和合氏の総合救済論にまったく「ミ」せられ渾身の信頼を捧げ、切に健闘を御祈りしたのも又此の時であった。今年〔昭和八年〕の正月から先生の「百姓」を愛読する事になった。二月号に短期講演が開催される事が報じてあり、一週間の費用現金一円と玄米五升、全部宿泊との事である。二、三年來節約して来た金の事は少有り、費用も汽車賃以外には掛からず、然しも平常あこがれの和合先生にも接する事が出来る。農業経営の上に農政運動の上に幾多の疑問もある事故と急に考えれば考える程、矢も「タテ」もたまらなくなり、先日の東京見物もそっちにおいて恥も外聞も忘れ、両親の許可を得た次第であった。精舎に照会したる処、三月三日午後四時より三月一〇日午後四時迄、会費一円に玄米五升、夜具、袴、食器持参、講師は和合氏の座禅指導と、文博折口信夫氏の民族学講義、鈴沢寿先生の論語講義との和合先生からの返信を戴いたのは三月二日であった(41)。

この引用文から、和合の農民救済の意気のある熱弁に魅了されたことがわかる。そして政治運動のみならず、経済運動、精神運動を含む和合の総合救済論に同感したのである。清水は政治運動に走らなかった、その欠けているところを和合にみたのだろう。この引用文から一つ指摘しておきたいことは、一つの集落である赤堀でも農本主義雑誌『百姓』がある程度読まれていたことである。農本主義への関心がうかがわれる。ただそれをどのように受け入れるのかということが問題であろう。

大川がみた和合の論理とは次のようなものであった。和合は現在の百姓生活について、正しい百姓生活をしようと思うとむしろ暮らしが段々困ってくる。また百姓には売るときも買うときも値段を決定することができない状態であると教える。そのようになった理由は、明治の変革以後官僚が文化主義を取り入れ、資本主義を行い、官僚主義の政治を行ったこと、つまり「都本主義」でやってきたところにある。昔は村落本位で立派にやってきたのに、現在では村は一つ一つ政府の指令で動く。さらに、人口は都市へ集中し、それも六大都市に集中していて、社会問題の根本はここにある。

労働者と資本家、地主と小作人の抗争によってのみ社会問題が解決できるものではない。官僚の都会本位、商工本位の国策は皆失敗する。英国も米国も皆そうである。日本も蚕糸および紡績が打撃を受けたのもそれが原因である、と痛烈な官僚批判を行っていた。さらに「上海の日本紡績工場を保護するために上海事変が生じた(42)」と官僚の都本主義政策によって莫大な戦費のかかる事変が起きたと批判的である。和合は「平時ニ於イテモ軍備ハ国ノ予算ノ二割七分、然シテ間接工場等へ補助ヲ合計スレバ、約五割トナルトイウ、軍閥ノ横行ヲ戒メヨ、権藤氏君民共治論ヲ著ハシ軍部ノファシヨ主義者ハ国体違反者ト説服ス」(43)と軍予算の拡大に反対の立場であった。

和合の官僚政策批判の内容は、一つは官僚政策の方向、つまり都会本位・商工本位への批判であり、もう一つは村落の自治を破壊する集権的な統治・官僚機構であった。それではこの状態をどのようにしてなおしていくのか。それは、物質主義に対し惟神主義、都本主義に対し農本主義、官僚主義に対し自治主義をもって改革していこうとするところにあった(44)。和合が小学校教育費の国庫負担に反対していたことだけをみても、村落自治の官僚化を非常に危惧したことをみてとれよう。

以上の論理に基づいて和合は多方面にわたって活動するわけであるが、政治運動としては請願運動に参加するのであった。しかし和合は政治的改革運動として請願運動の枠を出ない。大竹も「愛郷塾ノ橘孝三郎トハ同志ニシテ橘氏、和合氏ニ直接行動ニ依ラザレバ農村ノ急ヲ救フ能ハズト直接行動へ加盟ヲススメルヤ和合先生ハ極力反対シ、結局直接行動ハ農村救済運動ノ全面的閉塞ヲ来ス事ト大反対ヲナシ、口論ノ中ニ辞去シタト」(45)と和合の話を書いているように、和合は都本主義を打破し、農村を救済するために政府転覆を計る直接行動には反対であった。もともと天皇に結びつけ、農の意義を取り上げた農本主義において、現実の天皇制国家の権力機構を改造するのはむずかしい。「悪人」が問題であり、「政策」が問題となるのであった。和合が直接行動に反対した理由は直接行動が農村救済運動の全面的閉塞をもたらすといっているように、運動の中心者への国家の弾圧および世論を敵に回すことを恐れたに違いない。和合が、

万事に徹底する時には天照大神は御出ましになる。即ち到知識有格物だ。今や吾が国は天照大神が岩戸隠れをしたも同様だ。国は非常に乱れて居る。王悪ければ王をして王たらしめよ、然らざれば国乱れし(支那の易姓革命)、

然シ天皇ヲ取りまく連中が天照大神の光をさえぎって居る故に王して王たらしめるには先ず王を取りまく『悪人連中』を匪正しなければならぬ、又それには各自が互いに信用し合いよき正しき与論をつくらねばならぬ[46]

と教えるように、和合にとって「王」を取り巻く「悪人」連中を除外するためには正しき与論を作ることが先決であった。

また、和合は「農村ハ政治運動ヤ経済運動デハ救ハレナイ、根本ヲツカマナケレバ駄目ナリ[47]」と、下から地道に「根本」をなおしていく方法を採っていくのである。「根本」というのは、「心」の問題であり、「人」の問題である。和合の自治主義はこの「心」と「人」の前提の上に成り立っていたのである。

常ニ先生ハ自治主義ヲ主張スル人、自治トハ自然ニ治マルヲ謂ウ、即チ人ノ上ニ立ツ人ガ真ニ万民ノ模範トナリ、師表トナリ得ル人ナラバ自然、他ノ人々モ此ノ人ニ則リ、道ハ自然ニ行ハレヨク治マル、社会制度云々ヨリモ人其ノモノノ問題ダ、先生ハ徹底セル精神主義者ニシテ良心（修練ニヨリ磨カレタル）ノ命令ノミニ依リ行動シテ居ル、従ツテ農村問題モ「心」ノ問題ヲ没却シテ解決セラレズト主張ス[48]

和合にとって、制度や法律よりもそれを運営する人が問題であった。つまり和合は指導者となる人が万民の模範となり、師表となれば、道は自然に行われるという理想を持っていたのである。「人」によって法三章の社会のような理想社会ができる、また人間は欲求のない神のような「人」になれると確信したにほかならない。したがって「瑞穂精舎」を設立し、教育によって人間づくりに乗り出したのであった。ところで、当時の「人」をどうであるとみたのか。

社会制度云々ヨリモ人其ノモノノ問題ダ。農本自治モ結構ダ。然シ現代ノ農村ニ依リ以上ノ自治ノ権限ヲ与ヘテソノ先トウナルト思フ。組合主義又可也。然シ現代ノ農村人ニ組合精神ヲ理解シタル人幾人アリヤ。現代ノ農村ヲ歩イテ見テ一番悲シイ事ハ人多クシテ人ニ乏シイ事デアル。農村教育ノ振興ヲ力説ス。今世ノ如キ指導者ノ心ト民心デハ自治ハ危険ト説ク。他人ノ為ト自分ノ為トハ一緒ノモノ也。今ノ百姓此ノ自分ト社会ト一体デアル事ヲ忘レ、従ツテ、自分ノ利益ト思ツテ一生懸命ヤルト結局自分ノ為ニモナラヌ。多角形農ノ如キヨキ例デアル。策ノアル人ハ駄目也。無策ノ大策。(49)

このように和合は、民度の低さを指摘してやまなかった。組合主義を理解できる人もいない、また農民は利己主義、拝金主義に落ちているとみた。養蚕全盛時代には、利益を求め社会全体を考えずに自分のことのみを考えて、食糧生産さえせず、養蚕ばかりする農民の姿を、「田畑つぶして桑の木植えて末は食う気か食わぬ気か」と皮肉に歌っていた。このような視角を持っているからこそ、教育を重んじるのであるが、その教えが現在からみれば非現実的な皮肉さを含んでいた。

和合ノ農業経営ノ極意ハ決シテ損ヲスルナ、決シテ儲ケルナニアル。一銭デモ貯金スル事ハヨクナイ。貯金スル人ハ一方ニ必ズ悪事ヲナス「無一物中無尽蔵」。先生曰今年ハ繭価ガ少シ値ヨク弱ッタ事ダト思ッテイタラ、案ノ定、米国ガ金禁輸スルラシイ。コレデ繭価モ少シク低落シ百姓ノ為ニモナリ、結構ナ事デアルト(50)

この教えは農民としては受け入れがたいものであるが、真の狙いは利己主義、拝金主義に染められている農民の自覚を呼び起こすところにあった。

さらに、非現実的な教えは、和合の近代文明観によく現れている。「今ヤ人類ノ偶像ハ『神様』ノ時代カラ『文明』ノ時代ニ変ワッテ来タ。此ノ文明ヲ求メル心ハ農村ノスミヨリ都会ノスミマデ行キ渡ッテ居ル。教育制度ノ結果デアル。今ノ文明ハ物質、精神共ニ野蛮ニシテ文明ヲ求メル心ハ人間ノ本能マデナッテ来タヨウダ[51]」と、「文明」を物質・精神ともに野蛮的なものとみる。農民が「自治」を理解できないのも、利己・拝金主義に落ちたのも「文明」を求める心のためであった。それは既存の教育制度の結果から来るものであるから、教育の刷新、つまり農本主義教育を強調するのであるが、和合の文明観は教育の刷新に止まらない。たとえば、

先生ハ常ニ鉄道整理ノ急ヲ説イテ居ル。鉄道ガアレバ必要トナッテ来ルガ、無ケレバ必要ノ度ハ少ナクナッテ来ル。貨物ノ如キモ為ニ大部各地方ニ於イテ自給化サレル様ニナリ運送ノ必要モ少ナクナッテ来ルデアロウ。汽車ハ一日一回通廻トセシソレニテ充分ナリ。鉄道ニ乗ッテ居ルト不思議ナ事ニ乗ツテイル人ハ百姓ハ少ナク皆変ナ顔付シテ居ル寄生虫的人間バカリ。文明ノ利器使ウモノハ皆百姓以外ノ人間也[52]

と、農本主義に基づいた鉄道整理を主張する。「文明」の利器である鉄道によって自給化が崩れてきており、またその利用客は主に「百姓」以外の寄生虫的人間であるとした。和合は物的流通や人間の交流が今より孤立的な村落社会を理想としていたとみていいだろう。

また、「先生ハ常ニ西洋医学ノ為ニ現代日本ノムシバマレテ居ルヲ慨イテ居ラシタ。『ガンジーノ健康論』ヲ推称ス。然シテ西洋館ノ暖房装置ハ風ヲ引ク準備ヲシテ居ルモノ也ト断ジ、日本ノ気候ニハ和風ナ家カ衣服ガ適シテ居ルト主張ス[53]」と、西洋医学、西洋館に対して、東洋医学や日本的なものの優越性を強調する。逆にいえば、「文明」による日

本的なもの、東洋的なものの喪失を嘆いていたのである。西洋医学は病気を治す。しかし病気にならないようにすることが重要であって、予防医学としての東洋医学の優越性がそこにあった。この教えによって大川が灸や二木の玄米食等などを知るきっかけになったという。

和合にとって、「文明」には官僚の都本主義が含まれている。官僚の政策のみではなく、農民に至るまで「文明」を求める心は「本能」になっていたとみた。和合は鉄道を完全になくせといわなかったように「文明」を完全否定はしていない。しかし「文明」について非常に批判的であった。和合の姿がいつも「木綿の着物に手拭をぶらさげ髪はぼうぼうと生え、赤ひヒゲの中に包まれて居る[54]」ことがそれを象徴的に物語る。昔は村落本位で立派にやってきたのに、「文明」によって自給や自治が崩れ、また人間性の堕落が起こったとしているのである。したがって、和合の教えの中に非現実的ともみられるものの、その真の意味は人間性の堕落からの回復を唱えたことにあった。和合が農本主義教育を重要視したり、個々人が修養によって良心を磨くことを強調した理由はそこにあった。教育と修養により農民としての人格の完成をまず行ってこそ自治主義ができる。

つまり自治の権限拡大が出来ない限り、農本自治はできないとみた。和合は官僚に対しては、都会本位・商工本位の政策の是正、税金の削減あるいは予算の農村への配分拡大、官僚の村落社会への干渉の排除などを要求する反面、農民に対しては、農民自身の精神改造を要求していたのである。

以上が大川がみた和合の世界であったと思われる。大川は和合の教えに対して「和合先生の批判的研究を続けること[55]」と書いていた。和合の教えの真意は理解できても具体的な教えの項目の中には受け入れにくいところがあったに違いない。しかし和合の教えから、なぜ農村がそんなにみじめな状態になったのか、なぜ個人の修養が重要なのかについて大川は啓蒙を受けている。大川は一生を通して和合を「恩師」と尊敬し、個人の修養の重要性や農業への姿勢を学んでいく[56]。

ところで、農業の意義について、大川が最も感銘を受けたものが、折口信夫の教えであったという。その内容を要約すると次のとおりである。

日本の民俗からすると、天皇は神の意志をそのまま伝える現つ神である。天皇の祖先が日本の国に降りてきた理由は、高天原の神の祭りをするときに供える穀物を作るためであった。つまり田を作ることが目的の中心である。「マツリゴト」の根本はこれにある。すなわち、日本民族の元来の使命は米を作り神様に報告することにある。この目的を遂行するために領地を広げたり、戦争をしたりした。侵略が目的ではない。神の言葉にかなうようにするためだった。つまり農業を盛んにするためだった。百姓が米を作ることは日本民族最初からの大目的を遂行することだ。日本には結局「百姓」しかなかった[57]、という内容であった。これに対し大川は「百姓は天皇の大み宝（大み宝とは天皇陛下の御宝の意也[58]）」とメモを残している。

この講義について、大川は「瑞穂精舎の教育のなかで特に折口信夫先生の講義は民族学という新しい学問から日本はもともと農本国家であると説かれた。この話は私の人生を方向付けてくれたと思って居る。食が一番大事な人の命でありその食物を作る人がタミであり、タカラであるということは農本主義の源泉であろう[59]」と回想しているように、彼は農の意義の定立に大きな影響を及ぼしたと見ている。大川は自分の職業が人間の生命の維持という「人道上の意義」、また人間性の回復という意義があると口にし、ついには絶対的価値である神に奉仕するもの、直接的には天皇に奉仕するものと考えるようになった。

どの職業よりもすぐれた自分の職業、その職業を通じて日本の発展を支え、天皇の国家に積極的に奉仕していると思いこむ。自分の勤労が神への奉仕、天皇への奉仕と結びつけられ、最も貴い仕事だと信じたことは、貴い仕事に合う自分を作るため、自分の日常生活を道徳的に厳に律するような努力を生むことになる。後述するように、大川は和合に習って、修養によって自分の人格を高めるよう努力する。そして、禁欲と節約を労働生活の自己規制と解釈し、さらに、自分の職業が天皇への奉仕と結びつけられ、誇り高いものとするには、天皇が絶対的なものでなければならないと確信するに至る。

右会議〔農事組合役員会〕後宮茂と国体の本義につき争う、宮茂曰く「天皇必ずしも全き完成人でないから議会等で多数の意見を決定し裁断を得る可なり」と、小生曰く「数に基本を置くこと必ずしも正しくからず、一番すぐれた人は一番数は少ないものである、故に天皇は御親政なれば議会は二、三案位を陛下に出し裁断を得よ」と主張す、尚小生は天皇は神なりの信仰に生きなければ日本国民でない、陛下は神故過ちなし、あやまちあるは君側の扶翼足らざるなり、理論的でなく科学的でなくも（古事記、日本書紀は信じられぬ）科学以上がある、それが日本の国体だ、科学は立派でも生命につきては無知なり[60]

この引用文は、大川の一九四一年の日記である。大川は「天皇は神なりの信仰に生きなければ日本国民でない、陛下は神故過ちなし、あやまちあるは君側の扶翼足らざるなり」と天皇の絶対性を強調しており、そのように思い込もうとしていた。ただここで指摘しておかなければならないことは、大川自身も天皇は神であり、過ちないということが、「理論的でなく科学でな」い（古事記、日本書紀は信じられぬ）と認めている点である。

とにかく、農民としての存在感喪失、自意識喪失、この状態を克服しようと思うなら、彼の前には二つの道がある。一つは積極的に農民の誇りや農民の地位向上を求めて進む道である。もう一つは農村からの逃避である。大川は前者の道を歩んだ。社会から賤民視される農民として、その誇りを天皇に結びつけ、すべての力を尊敬すべき天皇や祖国の形象に没入するという論理の形を持ち始めた。また大川は、都市の消費享楽生活が、農村を搾取するという構造を説く土田杏村の『都鄙関係公式』を読んで、「都市の発展喜ばず」と書くのである[61]。

第三節　「草の根」農本主義の論理

一　農道尽忠

大川は、農本主義の教えを求めていろいろな遍歴をたどるなか、日中全面戦争という状況に影響されながら自分の農本観を整理していた。一九三八（昭和一三）年には、「農本主義の根拠（各国亡国衰退の根源）一、日本は何時の時代が農家が充実したか、そしてその時代の国勢及び文化の状況、二、商工業化は国民精神の軟弱化、三、工業化の限度、毎年増加人口を養え行けるか、結局商品を外国に売りつけ食糧を買う、英国式の立国なり、滅亡するのではないか、〔略〕一〇、機械文明の行き詰まりと都市文明の行き詰まりにたいする農本への理論」と書いた後に、続けて次のようにまとめている。

余の農本観（農業を盛んにしなければならぬ理由）
1、食糧の内国生産（第二の強み）
2、堅実なる国民精神（日本精神）の源泉（修身書の実行者）正直、堅忍、質素、加藤完治曰く「天皇の近衛兵を任じる」（第一の強み）
3、人口増加の源泉（国力の源泉）
4、堅実なる人間を商工業に送り得る
5、国防的必要（農人なければ食糧、強兵、馬—空襲）

6、海外発展……皆古来農民のみ（日満一体も移民による、大陸建設の基也）
7、体位の保持
農……国防的、食糧、工業原料、精神(62)

さらに一九三九年には次のように記している。

農本国家の必要なる理由にめざせ益々農道に精進せん（消費節約、生産力拡充も農人生活を国民が学べば解決）、加藤先生曰く「生を肯定して農の意義を知る故に衣食住生産に努力するは善也」、満州移民問題の必要、農業移住者にして真にその土地を永久に支配し得ると、革命は農人により行われる、海外発展も農人により行われる、民族発展の方法として移民は古代式なれど本質根底也
農は国の基……民族的信念、農村と今次の事変
1、食糧の自給
2、人口貯水地……良質の強兵、職工の給源
3、有畜物（軍需）
4、東亜新秩序の建設……満州移民
比較　重工業だけ……英国、重工業と営利農業……米国、農民的農業と重工業……日本、近代科学の物のありがたい、農民的農業の素質たる「人」的要素、今度事変でしみじみと有り難いと感じる(63)

これは、とりもなおさず、日本国家を支えている農業、農民がどれほど重要かを強調した内容にほかならない。日

中戦争に影響され、戦争中の国家のために農がどれほど重要か、という点に関しては、「国防的意義」というものが強調されている。以前には生命の維持、人間性の回復、神や天皇への奉仕等、いうならば「聖なる意義」が主だった。だが、ここでは現実の「戦争」を用い、あらためて農民の誇りを論理立てようとしている。つまり戦時下には「聖なる意義」に「国防的意義」を付け加えるという特徴がある。

農の意義を強調するのは、いうまでもなく社会の農民観が「賤民」的であったためである。農民は経済的地位だけでなく、その社会的威信もまた下降線をたどっていたのである。当時の「農家は馬鹿々々しいといふ感情がみえ、農業で立つて行かうといふ青年の心境を不安ならしめてゐます。産青連の運動などもまじめな人が残つてゐるのに、経済上非常にみじめな状態におかれて」おり、「農産物の価格は釘付状態、殷賑産業人には農人の精神を尻目に、目にあまる振舞を見せつけられ、社会の農民観はさながら賤民観で、農家の嫁にくる者もないのです」[64]という状態にあり、それを直す第一の道が農の哲学の確立であったに違いない。大川の整理によれば、農民はどの職業の人より偉い天皇の「宝」であり（折口信夫）、「天皇の近衛兵」（加藤完治）であり、武士、士大夫に比肩される「農士」（菅原兵治）であった。

したがって、農民は国の基であり、木の根である。農村は支部ではなく基部（和合恒男）と呼ぶべきとされた。要するに自分を卑下している農民に誇りを持たせる論理であった。しかし単に誇りを持つのみではなく、誇りにふさわしい人にならなければならない責務もあった。農の誇りにふさわしい人になるためには、それにふさわしいものを身につけなければならない。それは天皇の国家を支える生産活動であり、それを成し遂げる健康であり、誇りにふさわしい人間の形成、つまり人格の完成であった。

大川が「恩師」と呼んだ和合恒男が「人」を最も重要視したように、大川も「人」を重要視した。大川が自分の修養書の一つとしてよく引用した「西郷遺訓」の句節には、「一、何程制度方法を論ずるともその人に非ざれば行われ難し、人あって後方法の行はるるものなれば人は第一の宝にして己其の人になるの心懸け肝要なり。一、道は天地自然のものなる故講学の道は敬天愛の目的とし身を修まるに克己を以て終始せよ」とある。「人」になることや克己による修身についての大川の覚悟と意志が窺われよう。以下その努力の痕跡を探ることにしよう。

二 農道精進・健康・修養

1 農道精進

前述のような農の意義の強調・自覚は、結局は農業への専念の信念となる。「農本国家の必要なる理由にめざめ益々農道に精進せん」とあるように、農の意義の自覚は農道精進の実践であった。そしてその第一歩は、「先ず身を修め家を整え村を興し然る後国家に仕えん、第一期三十才迄勉学修養に重きを置き、農業経営の形態確立、第二期四十才迄農業経営に精進、人格の完成、第三期五十才迄産業組合運動に郷党の為に働かれ、第四期五十才より農村救済運動へ、学校の設立[65]」とあるように、まずは自分の農業経営への専念であった。一九三四年の日記には、「農道精進」について次のようなことが書いてある。

根本は心なり

一、農道精進の方法

1 農業経営基礎知識の習得及び徒弟教育の為に昭和九年中に小農専の獲得を断行すること。之の位突破出来得ざる様ならば最早前途なし、本年主力を之に注ぎ、必ず神かけて栄冠を得よ、真剣なる前に不能なしと謂ふ。

2 可及的激労は之を避け、新しき農民運動の基礎工作として郷土史、民俗学、古典、宗教、政治経済、偉人志士篤農家の伝記、歴史、漢字和歌、倫理、漢方医学等其の必要なる方面に関心を持つこと。敢えて関心と謂ふ、二兎を追ふものは一兎を得ずと。

3　我が家住宅、宅地、農業経営等の改善七ケ年計画樹立（余三〇才迄に完成の予定とす）。偉人英雄の大業に比すれば、以上の如き出来得ざることなし。断じて行へば鬼神も之を避く。断行あるのみ、須く改善計画の根本方針を考究せよ。

4　昭和七年度作成の歴を根本となし、農家向けの最善歴を完了すること。

5　農道農政信念の確立の為に多方面の農学者の著書を研究し、又和合先生の批判的研究を続けること。日本農民協会の設立準備、同志の獲得を急務となす。

以上の項目を実現する手段として左の雑誌中より選択し数誌を取ること。

『禅道』『農村』（県試験所の技術雑誌）、『百姓』『彌栄』（国民高等学校機関誌）、『先駆者』（大道重次主宰）、『農村新聞』『野を歩くもの』（相馬御風主宰）、『産業組合時報』『家の光』

一九三七年の日記には、次のように記している。

一、農道精進

1　農業労働に専念す

2　農家経営更生簿及び日記の記入

3　当地適の農歴史の完成

4　経営技術の研究

5　農本思想の研究

この内容は農業経営技術の知識習得、農業労働への専念などに対する大川の熱気を感じさせるものであろう。耕作農民として大川が、自分の生存基盤として農業経営を最も大切にしていることが十分にうかがわれる。彼の農道精進の最後の段階である農民救済運動のために、多方面の知識習得、とくに農本思想の習得に熱心であったことが前掲の史料から読みとれる。これは無自覚のままに日々を過ごす農民とは違った姿であり、農業の「聖なる意義」を大川自身が果たすことであった。農業の利益を図ることは、自分の利益だけを考える農民にしろ、基本的には同じことであろう。自分の利益のみを考えて働く、悪くいえば、社会や国家のことは別世界のことで、無自覚的に日々を過ごす。そして自分の欲望に忠実に都市へ出たり、工場に就労する機会があれば出ていく。しかし農業の意義を求めつづける大川にとっては、その欲望に逆らおうとすればするほど、その分克己が必要になり、農への信念を自己確認しなければならなかったに違いない。

ところで、大川は前述したように個人の農業経営の意味付けを、天皇の国家を支える「聖なる意義」に満ちた仕事であると説こうとしていた。大川が、「世良田祇園にて。意識ある農人生活の創造、理想農村の建設。農経改善は、村人の目標となる皇国農民精神が基本[66]」と書いたのもそのあらわれであろう。

ここにはもう農業経営の目的が「金のため」だという表現はみられない。むしろ「金のため」ではないとさえしている。だからといって、農業の意義、道徳性、哲学性を重視することによって、農業経営における「利」を無視したわけではない。「栗剪定考究、楽しき自作自営農、自分の労力で自分の土地を、社会の勤を果たしつつ、農業を楽しみながら土の生活の理想の実現、晴耕雨読、勉学の余暇もある、出来得れば収入も又少なからず[67]」といい、さらに「夜宅南畑にて考究、当面の目標は正しき皇国農民として最も収益（公私）ある道、端的にて大衆農民の進むべき道探求也、それには耕地の縮小故これを結局の目標として当面博道〔長男〕の教育完了迄収益主義[68]」であるという。

農業経営の目的を「金のため」とは言わない。何故なら、「金のため」なら他の仕事を探すこともできよう。農業は元来労働量が多く、その労働は骨が折れる厳しいものである。さらに収入は少なく、地味な職業でもある。したがって、前述したとおり、農業は職業として避けられがちであり、農民を賤民視する傾向があったのである。だからこそ農の意義を主張し、それを目的とし、そこに誇りを感じようとする。しかし「金のため」ではないといい、「聖なる意義」「国防的意義」のためであるというものの、利益ある経営を否定するものでもなかった。

聖職である農業を行うことは、自分の職業労働を積極的に評価し、熱意を持って真面目に勤労し、その結果、利益を得ることとなると説明する。後述するように、彼は自分の農業経営に出来うる限りのあらゆる努力をしてきた。集約的・効率的な労働、農業に関する知識や技術の研究、肥料の改善や農作物の販売の改善など農の意義を尽くすものとみたに違いない。つまり、彼は自分の経営的利益を得ることがそれにとどまらず国家の利益にもなる、いうならば「私益」と「公益」とを一体的関係と解釈しようしたのである。「労力分配、経営の確立、公益優先の理念にして、結局自家経営なりたたざれば国のお世話になるのみ」(69)と書いたことは、「公」と「私」を一体のものと捉えようとした痕跡であろう。

農を尊い、意義あるものとする大川の思想は、農本主義的なものであった。それは農民を「賤民」扱いする外部に対しての孤独な主張であり、農村離れの現象のなかでの自我維持の手段でもある。いいかえれば、農民に誇りを持たせる論理であり、社会的威信向上をはかる論理であった。そして最も重要なことは、農本主義的論理の根底には、大川が自分の農業経営の確立を最も重視したことからわかるように、経済的地位向上を指向する姿勢が貫かれていたのである。

2　健康

農の意義の強調・自覚は、結局は農業専念への信念となる。それは天皇制国家を支える生産活動になると大川は主張していた。次に重要なことは、その生産活動をなしとげる健康であった。一九三四年に「健康精進の方法」として次のように書いている。

1、「先ず健康」をもっとうと為し、家族の健康中心主義を以て終始一貫すること。
2、酒は節酒主義、止むを得ざる交際の他外出中飲用せず、家に於いて疲労の時用ふるも三杯を越えざること。宴会等に於いては大いに朗たるべし。煙草は人との交渉対談の外、絶対に使用せざること。使用せる時と雖も最小限度たるべし。
3、精進《ママ》統一、趣味及び呼吸器系統を健全たらしむる意味より、尺八を練習すること。
4、熟眠五時間を標準となすべし。十一時就床四時起床、又は夜早く休み早朝に起きるも可。元則《ママ》として早寝早起たるべし。就床前目薬を点眼なし、今日の余の行跡を反省し、明日の希望を施しいて静かに就眠せよ。就床中の閲読は絶対に不可なり。
5、農村榮養粗食料理の研究。健康の源泉は食事にあることを思ふ時に一段の研究を要す。玄米食完全食等を考究せよ。又食事は腹八分目主義と為すべし、時々外出時等空腹と為す要あり、勉強時等特に減食せよ。
6、「漢法医学」「按摩術」「民間療法」等農村的衛生思想の研究普及を計るべし。
7、体力増加、頭脳明晰、鼻病根治の方策を研究すべし。
8、家族は山羊乳及び肝油の常用。間食不行。細□中食。食後の湯水。油類の食用、生葱からみ、胡麻、牛タン等を多食せしむる様なすこと。

大川において、主な健康法は食にあった。それは「食正しければ心身又正しい[70]」という精神に基づいていた。正しい食、正しい心身はまず自分と家族の健康を守り、家の安定と円滑な農業経営をなすことに本音があったと読みとれよう。また「金の節約。心（精神の修養）の経済と物の経済が一体[71]」とあるように、健康精進の方法は修養の一つであり、自家経営における節約と不可分に結びついていた。しかし、健康の理由は自家レベルにとどまらず、自分の健康によって意義ある農業を成し遂げていき、豊かに健康に食べられる国家を作る、これが「草の根」農本主義者大川の言い分であった。

さらに自分の健康のための玄米食を、「食糧増産政策は消極的には先ず小生の家の如く玄米食となすこと[72]」と国家政策を支えるものとして位置づけようとした。農業の意義を「聖なる意義」「国防的意義」に求めた大川の本音がどこにあるかは別として、そのように位置づけざるを得なかったのである。

3　修養

前述したように、誇り得る「農」の意義への自覚は、外に向けてその誇りを主張するにとどまらず、また自覚することにとどまらず、その誇りにふさわしい人間になる責務に至った。一般に農本主義では修養による人づくりを重要視しており、大川も自身の修養を大切にしていた。大川は「意義ある人生を送りたし。余の信ずる意義ある人生は、人格的生活者、社会的有意義なる分野開拓」と人格的生活者をめざした。これは、農の意義にふさわしい人格の完成のために努力することを意味する。では、どのような努力をしたのか。

一九三二年には厳守すべき項目として、「一農道精進信念ノ確立、二健康方法ノ実行、三□□ノ絶対不行、四貯金実行（月二円の事）、酒四〇銭、菓子三〇銭、遊興一〇〇銭、煙草三〇銭、合計二円なり、右は絶対的禁止に非ずして社交上は妨げず、五凡欲に打ち勝つ様努力する[73]」などを取り上げ、新たな覚悟としていた。一九三四年には「修道修学ノ精進方法」として次のようなことを書いている。

1、王羲之等の有名なる法帖〔書道の手本〕を求め暇を得て修養、娯楽、実用としての書法研究のこと。日常の事務等できる限り精舎の如く筆を用ふべし
2、精神統一娯楽として尺八を練習すべし
3、常識として珠算を習得せん
4、〔略〕
5、読書は多読よりも精読たるべし、第一に選択、之れは新聞雑誌上の名士の批判等に依り決定まること、第二に粗読、之れは内容の大要を把握すること、又読み方、熟語の意味等を開明する、第三に真剣なる精読、之れは読書の生命にして熟読不記入主義と為す、重要なる点に傍線を為すべし、読書せんとする時は安易なる労働の夜減食は絶食して真剣なる態度を以て為すこと又は二、三時頃の深夜為すも一興。座禅の後真剣によむべし
6、精神統一修練の為座禅を為すべし、沼津市外太中寺〔和合がよく通って座禅をした静岡県の寺〕の雑誌「禅道」を求める外、態谷在集福寺足利等の接心会に参加すべし
7、国旗の新調と九年度祝祭日確実に之れが掲揚を行ふ、然して日本精神の発揚に資せしとす
8、月に一回月末に近き二日を選び金山及び伊勢崎図書館に通ひ主に月刊誌を通読せし、「文芸春秋」「改造」「中央公論」「青年」「処女」「キング」「日ノ出」婦人雑誌等也
9、時折中等課目の復習を忘れざること
10、余の外交上欠くる点あり。一党一派に偏せず正義に向けて至誠を以て猪突すべし
11、日本精神、漢字、英語、歴史、エスペラント等の習得をなせ〔この頃エスペラントの勉強が盛んであった〕
12、外出中は只至誠を以て行動せよ、買ひ食いは種類の何たるを問はず断じて為すべからず、必要なりと思考せる時は弁当を持ち行くべし〔この頃は何処かへいくと甘い物を食べた。即ち買い食いが流行であった〕、書籍

の購入に大なる出費を為しつゝあるを思へば他の方面は出来得る限り経済を取るべきである、一切の浪費を節して書籍の購入に注入すべし、食事の為に外出中金銭を支出する金を塵介に捨てるに似たり、如何となれば家に於いて鼓腹せば外出中其の要なく、外出中腹を空しくせば健胃たらしむのみならず家に帰りての食万金の馳歩に優る、昭和九年中食の為に一銭の出費なき、保せよ

13、食い道楽の精神的不安と物質的損失と、然して衛生的見地よりの損出等を合する時に、其の害の大なるに恐れよ、菓子等買いし時は家に帰り家人と共に楽しみ談笑の内に食すべし、映画は芸術的香気ある定評の大作は万障繰り合はせ観覧すべし。只此の選択に迷うなかれ、然して一ヶ月一回を越えるべからず。常に万人注視の中に行動する如く恥ずべき行は許じて為すべからず

14、日本時間打破の為に時間励行に一段の努力を為せ

15、結婚に対する認識を課《ママ》めし、世の「生理衛生」「結婚哲学」「結婚後の父母への態度」「結婚後の家計及び農業経営」「結婚後の居室」「妻への態度」等万般の方面を考究すべし、又、新婚旅行は早く相愛親密の仲となる為に、将来の方針家庭の様子父母親類への態度等情合ふ必要あるを以て行ふべきものと信ず、二泊三日位を適当と思ふ、仮に水戸方面として寄寄以下の題目に就中研究すべし、茨城栗栽培、水戸梅園、常磐公園、水戸学の研究、水戸幕府史研究、愛郷塾、水戸の史跡名勝、藤田東湖、水戸光国、大洗、護国堂、磯浜等の海岸、日立鉱山、等茨城方面の研究為し置くべし

16、余技娯楽として写真の術の練習を為す用意をなせ、旅行に、視察に、農業経営上に、近隣の社交上に、益すること多からんと信ず

17、可及的勉学は一週単位主義を実行のこと、一週単位主義とは徒に他方面の勉学をせず、一週間全力を一部門に注入研究することである、精力主義せ《ママ》ある、月曜より土曜迄一週一本の事、日曜は尺八、珠算、其の他一般

甚だ迂遠の如きなれども効果あることは信じて疑はず、精読徹底究明主義である

18、農に熱心の余り老ひたる父母への孝養を忘失し、過激なる労働に助力を求める事ない様に警戒すべし、孝は徳の第一歩なり(74)

大川は、毎年上記の引用文のような、自分が守っていくべき、行うべき項目をたてて修養の基盤にしていた。さらに一九三七年度には、「修道精進、1早起早寝の研行之れ更生の第一歩、2皇祖皇室祖先への合掌、3克己心中の賊を討て、4只人生は只今のみ、一時の懈怠即ち一生の懈怠となり(75)」となっていたが、毎年の修養の項目を整理すると、次のようになる。すなわち、精神の鍛錬（書道、尺八、座禅、克己、修養書の読書）、教養と知識（読書、雑誌、英語、エスペラント、映画、写真）、禁欲（食い物、遊興、煙草、酒、野心の放棄）、倫理（孝、「常に万人注視の中に行動する如く恥ずべき行は断じて為すべからず(76)」という行動倫理、「一党一派に偏せず」という中庸、怒りに対する忍耐など）、日本精神の涵養（皇祖皇室祖先への合掌、国旗の尊重）の内容となっている。

大川が農民としての自分の労働を神や天皇に直接に結びつけ、自分の職業を聖職として最高の価値を持つものとして声高に叫ぶことは、その誇りにふさわしい教養と知識を持たなければならないことであった。それには都市の文化人風の英語、エスペラント語、写真術などを含んでいたことを指摘しておこう。また、教養や知識のみならず自分の日常生活を農の意義にふさわしく、道徳的に倫理的に厳しく律するという結果を生んだ。大川はそれを「人格的生活者」と表現している。それには農業生活の良心的自己規制、つまり倫理と禁欲が要求されるわけであり、したがって、心理的な、生理的な欲求を抑圧することによって心の鍛錬を得ようとした。いうまでもなく、それらすべてが克己心を必要とすることはいうまでもない。

以上のように、農道精進・健康・修養に関する内容は、農業の「聖なる意義」「国家的意義」を遂行しようとする意

識のもとに、素朴ではあるが創造されたものである。それと同時に、自分の生存基盤である農業経営の改善、つまり私益の増大を目標に考えられたものでもあった。したがって、公と私とを両立し、矛盾なく受け入れようとするものではあったが、現状は思うとおりには行かないのが常であろう。その時それをどのように解決しようとしたのか。つまり、国家官僚の政策とそれへの対応の問題は後述することにし、ひきつづき「草の根」農本主義者の重要な一面である農政への関心を検討してみよう。

三　農政への関心

大川は農村に定着した農民として、農の意義を求め、ついに聖なる意義、国防的意義を探し出した。そしてその意義を果たすためにも、まず自分自身がそれにふさわしい人物にならなければと思い、農業経営者としての人格完成に精進した。いうならば、個人レベルの改造であった。しかしそれで日本が農本の国家になれるのか。それのみでは駄目だと思ったに違いない。さらに、大川はそれを国家的レベルにまで引き上げ、村落の運動、さらに農村救済運動まで構想していたのである。大川にとって農業、農民は国家の基であった。しかし、現実の社会の農民観は「賤民」的であることもよく認識していた。したがって、大川が国家の中の農村を救済しようと考えるとき、農村の現状はどうなっているのかを自分なりに整理しなくてはならなかった。

まじめな青年でも、農民ではよい伴侶がえられないといふ不安、これは深刻な問題だと思ひます。ですから、青少年や若い婦人の離村が、最近非常にふえ、立派な農家の長男が農業から他へ転出しようとしてゐるのさえあります。これで果たして国の基礎がぐらつかないでせうか。重工業が発展して、農業を放棄したイギリスの今の姿を、幾年か後の日本において見るやうなことはないでせうか。新東亜の建設どころか〔略〕と考へないではゐられません。実際、吉植庄亮氏の「大き道　歩みきたりし　田作りの　飢ゑ死なむ世か　この大きみちに」の歌は、精神的にみても、今の農村の姿にぴつたりあてはまると思ひます[77]。

これは、大川が、農民自ら農村を離れる状態では、国家の将来は砂の上の楼閣のようなものであると強調するため述べた内容であるが「青年婦女子の離村、長男まで金になる職工化〔功利主義〕」という現実の農村放棄に対して、農業の「聖なる意義」を唱った「清水及衛の『人道上の意義と精神上の自由はこの業の誇りなり』など農人の誇りは地を払[78]」うしかない現実があった。この現実の農村において大川は何が問題であると考えたのか、それをどのように解決しようとしたのか。

国政研究会及び昭和研究会へ〔昭和一四年九月頃〕

1、八紘一宇の皇道精神及び農本主義との関係

2、商工化の問題農…村文化防衛問題、商工民道場の設立（商工民の皇道化）

3、都市問題、中小商工化の問題

4、農村問題…離村問題、経営規模の問題、機械化問題、土地制度、耕作権と小作法、農業保険、国土計画、農産物価額制定と国家管理、農村工業化の可否、日満支ブロックの行き方、無産党への批判、労力問題、栄養問題[79]

協調会、昭和研究会、国政研究会に於ける質問〔昭和一五年三月二二日〕

1、我地方に於ける肥料、資材、労力、飼料の配給の現況と食糧問題（特に農産物増産）の重大化

2、物価対策と農民心理…供出問題、小作争議化

3、都市と農村の調整問題
4、土地問題の理想的改革問題
5、部落団体（農村団体）の統制
6、農は国の基の意義、農民許可制(80)

これは大川が一九三九、四〇年頃、農村問題として考えているものを簡略に項目化した内容である。ここに出てくる国政研究会とは、地元衆議院議員中島知久平の私設研究所であり、地元の者は自分が関心を持つ問題に関する資料を入手したり、研究所の意見を聞くためよく訪ねたといわれる。中島は農本主義者ではないが、地盤の確立のためにも地元農民の声に応じる形で、一九三七年に農民講道館の設立に寄与し、地元の農民の教育にも関心を寄せた経緯があった。議員と地元民との関係は興味深いが、ともかく前掲の項目をみるだけでも、農村でなにが問題視されているのかがよくわかる。大川は都市に関連する問題と農村内部の問題の二つについて、素朴ながら考えていた。

まず第一に、都市との関連についての問題をみよう。大川が特に注目していたものは商工業化の進展であった。工業化の波は大川の居住部落赤堀の周辺にもおよび、中島飛行機製作所の工場があった太田、尾島、小泉が著しく、周辺からの離村傾向も激しかった。一九四一年の日記には、「尾島、小泉、大川、高島等を通り、工業化の必至と農経の大改革〔戦時下の労力不足のもとに省力経営への改革〕の急務たるを痛感したること。此の地帯の耕地の五、六％も雑草荒廃地《ママ》し、作物悪く田畑に女に子供、老人のみ。最近離村者甚だしい(81)」とある。土地が荒れることは今まで農村では考えられなかったことであった。「農経」の改革を急ぐ必要性を痛感した内容であるが、ここにみられるように、「工業化の必至」という現実認識があったのである。

しかし、大川はその工業化の影響を批判的にとらえる。

一、尾島町スキー遊び青年去年まで三、四人、今年は五〇人。付近温泉遊園地の職工化。二、太田花柳界の風紀の紊乱、青年もカーキ色の服を着て弁当を自転車に付けて工標を付けなければ相手にされず。三、職工の王様化。兄嫁や父母に自転車、靴の掃除をさせて平気でいる。親はどんなに忙しくも帰って仕事など見向きもせず、特別の美食を食べて居る現状。四、職工農家の協同運動への真なる協力無し。肥料問題に於ける職工農家の放言、肥料代を払ってもらわぬ。五、賃金高―遊興―為にならず。革新を要す。六、太田付近の娘の心情、嫁農村青年の困難の例。学校の教育するものなし、卒業（教育）しなくも金が取れる、無識者多数、三人職工出す家は金が中心、親兄弟もなし、体力の問題―国家基礎破綻。第一日曜、第三日曜の男女職工の風紀及び趣味の転換。映画からスキー、スケート(82)

これは工業化による影響を職工の風紀、職工青年と農村青年との葛藤、職工農家の非協力などをあげ、批判した内容である。このような認識があったからこそ「堅実なる国民精神（日本精神）の源泉(83)」である農村文化防衛の問題を農村問題として取り上げていたのであった。もともと大川は農本主義の立場から商工業化に批判的であった。「商工業化―国民精神の軟弱化」、「工業化の限度、毎年増加人口を養え行けるか、結局商品を外国に売りつけ食糧を買う。英国式の立国（重工業が発展して農業を放棄したイギリスの今の姿）は滅亡するのではないか(84)」と認識していた。また、土田杏村の『都鄙関係公式』に感銘を受け、「都市発展喜ばず(85)」とも書いていた。

それにもかかわらず、商工業化を全く否定したわけではない。「〔日本の耕地にて〕日本人口を養え得られずとすれば善悪に関わらず商工化は必要也(86)」と、土地と人口の観点から商工業化を認めざるをえなかった。また戦時下で「農民的農業と重工業……日本、近代科学の物のありがたい、農民的農業の素質たる『人』的要素、今度事変でしみじみと有り難いと感じる」[87]と重工業や科学の必要性を感じたのである[88]。

したがって、大川の問題意識には、「農村工業化の可否」や「機械化問題」があった。農村の窮乏や精神的堕落を資本主義の浸透に求める農本主義の教えを受けた大川は、農村工業化や農業生産における機械化がおよぼす影響を危惧したのである。機械化については「資本主義、極度は不賛成なれど、生産力減退〔においては〕国家存立の意義少なくない、不可避」と、機械化と資本主義化に不賛成といいながら、現実の戦時下の労力不足のもとで、不可避として現実的に対応していた。その一方、農村経済更生運動の一つの重要政策であった農村工業化についてはどのように対応するのか悩むばかりであった。

それでは「時局は商工業化」という現実認識のもとで、どのような形で都市化、商工業化に対応しようとしたのか。まず、大川は「この正月に、人口問題研究会の講演会で、金沢医大の古屋芳雄氏は、『農村の人口が明治初年は全人口の八割であったのが、今では四割七分、だんだん率が低下していく。人口の減退は国の滅亡と一致する。日本の強味は人口数であった。その人口の給源は農村にある。それが、現在のやうに商工化を放置しておくと、日本の危機が来る』と、数字的に明らかにしましたが、確かに人口がふえる職業は農業です[89]」と、国防的立場から商工業化の制限を唱える。

そして、「時局産業の発展によって、農村の過剰人口が整理されたことは喜ばしいですが、加藤完治先生のいわゆる、『天皇陛下を中心として、各自がその分担を完全にはたしつゝ、本来の一身同体を発揮して、世界文明の建設に努力する』との民族思想が弱く、眼中金あるのみの有様です。どうしても、商工民の皇道化が必要で、それには商工民道場の設立が急務と存じます[90]」と商工業化への対応の一つとして商工民道場の設立、つまり皇道化のための精神教育をあげている。精神教育のみでは足りないから「満州国の如く生活必要品配給[91]」のように、制度的に都市住民や職工の「目にあまる振る舞い」をなくす方法も考えていたのである。しかし、具体的な商工業化の制限案は大川にはない。官僚でもなく学者でもない一人の農村の生活者として、都市のことは感情のレベルにとどまらざるを得なかったとみられる。

都市との関連問題で、もう一つは都市と農村との格差であった。農民の経済的、社会的地位の向上を図る大川としては「農人は、公租公課の不公平、都市偏重の政策等政治経済的に圧迫(92)」されている現実、「租税に、文化的に冷遇され、経済的には農産物指数　一一三、購入農家用品　一五六」という現実に対し、「今やこのままに放置せんか(93)」と怒りを覚えざるを得なかったのである。

次に農村内部の問題をみよう。

第一に、土地制度、耕作権と小作法、経営規模の問題など耕作地に関する問題に関心が集中した。大川は、一九二六年一二月に発生した小作争議によって、苦しい経験をしている。その小作争議は一応の解決を見たが、それ以後にも小作料をめぐる部落内の葛藤は消えることがなかった。一九三七年五月には、「日本主義的理想社会実現のために我が小作制度の研究を為し改革を断行せよ(94)」というメモを残し、また一九三八年には、「学問的理想とする土地制度如何、耕作権の確立—農村問題の根本、然し小農の続出を如何にするか、又は土地管理等外国例等々(95)」というメモを残している。

農民の生産意欲の増加にとって大きな支障となっていたのが小作問題であった。小作争議に悩まされ、またその余震が尾を引いている部落で、その問題を解決する方法を考えなくてはいられなかったものと思われる。戦時下においては、なおさら離村、徴兵、徴用などによる労力不足、兼業農家の増加によって生産力維持のため農地問題をどのように解決するのかが盛んに論じられた。

一九四一年二月、大川が主導して開いた農地研究会について、以下のように記している。

農地研究会第一回、農地移動頻繁たり、小作人の恐怖察するに余りあり、耕作権の確立、耕地分散化今の侭に放置せんか。農村の荒廃察するに難しからず。企画院に実情を訴えんと宮茂〔宮田茂次、地主〕、磯実〔磯実太郎、自小作〕、松金〔松山金栄、地主〕、大竹〔地主〕、石伝〔石塚伝四郎、自作〕、大東〔大川東一郎、小作〕、石幾〔石塚幾太郎、小作〕、小芳〔小林芳平、小作〕、関渡〔関口渡、自作〕参集、国政研究会の資料及び帝国農会の資料を集め批判を乞う、大したる議論もなく有耶無耶に終わる、可哀想な百姓なり、心に思えども口にその真情を語るを得ず(96)

農地問題は自分たちに直結する事項であるにも関わらず、あまり意見もないことを嘆く内容であるが、利害関係の敏感な農地問題が部落レベルの話で進むわけがなかったのであろう。大川は国策として「土地世襲制、家産制、小作地国有」が行われることを前提として農業経営の設計を試みていた(97)。大川は耕す者が土地を持つべきであり、農家の質のためにも世襲農家を農政の対象にし、保護すべきであると考えていた。つまり小作地を国家が購入し、耕地面積を制限して農民許可制のもとに世襲専業農家を育成することを望んでいたのである。それは大川が、小作争議の破壊性と兼業農家の不熱心さを痛感したからに他ならない。

第二に、戦時下における肥料、資材、飼料の配給、労力問題を重視した。特に労力問題には注意を払っていた。周知のように戦時期は徴兵、徴用、離村などにより農村労力不足が喧伝された時期であった。荒れ地が増加し、「田園荒廃して生産力の減退、農民の健康の破綻を憂える」という状況が現実にあった。では大川が、労力不足についてどのような態度をとったのか。「労力不足論〔は〕労力の移動調製、共同作業の奨励、託児所の設置、労働奉仕班の組織化、農機畜力の移動調製、耕地の集団化、中農家の徹底」により解決されるといい、「労力不足ならず」と強気でいる(98)。

大川の一九四二年の日記にも、「太田労力調整会議笹川課長、駒宮氏来談、農村労力絶対的になきにあらず機構の不整備にありと進言す、又郡農会長に菅原先生らを招待し東毛農道振興大会を開催せよと又進言す[99]」と記して、機構（組織）の改革と農道精神によって労力不足を乗りきろうとする一貫性を見せている。したがって、「私の恩師和合先生」の言葉を引用し、労力不足論者を「不足論者は諸種の改善の努力に対して予算を分取りするに好都合なり、不足論者は時局を洞察するに敗戦主義者なり」と批判して止まなかったのである。

第三に、日満支ブロック経済に注目している。満州国の成立、中国との戦争の中で日満支ブロック経済論が台頭し、日本農業の減反案が噂されていた。「減反案の新聞発表の真否、その根拠、農林省の誰か[100]」と怒りを投げかけ、「ブロック経済論による農業放棄は一時的な繁栄あれども永続性なき、歴史の教ゆる所、汗と油なき民族は滅亡なり、農は本質的、今回の事変証明[101]」と、日本を商工業地にし、農業を放棄しようとする論理は、農本を主張する人として絶対に受け入れられないことであった。と同時に「食糧増産時代なれども減反時代もあり政府の見通し甚だ困難なり、公益優先といえども誰も桑を抜き行い食糧増産すべきだが出来ぬ」と、政策への疑問と私益への執着を示している。

第四に、満州移民の必要性である。その必要性はまず、「農業移住者にして真にその土地を永久に支配し得る、革命は農人により行われる、海外発展も農人により行われる、民族発展の方法として移民は古代式なれど本質根底也」と民族の発展に求められた。もう一つの必要性は適正経営規模の確保にあった。

大川は、農村に定着した農民として、農の意義を求め、ついに聖なる意義、国防的意義に注目した。そしてその意義を果たすためにもまず自分自身がそれにふさわしい人物になることを希求し、農業経営の熱意と人格完成に精進した。いうならば、個人レベルの改造であった。しかしそれで農本の国家になれるのか。それのみでは駄目だと思ったに違いない。だからこそ個人レベルの修養に止まらず、村落の運動、さらに農村救済運動を夢見ていたのである。しかし天皇や日本国家と結びつけることによって農を意義づけた大川の思想は、現実の天皇制国家の権力機構の改造を指向するような政治運動にはなりにくい。したがって「あやまちあるは君側の扶翼足らざるなり」と君側の人間が問題であり、政策が問題となるわけであった。

四　近代文明との関係

大川の意識には反都市的な傾向が強かった。それは都市本位、商工本位によって農民の経済的、社会的地位が下落したためであり、都市本位・商工本位は日本の将来を駄目にすると認識したためであった。したがって、「機械文明の行き詰まりと都市文明の行き詰まりにたいする農本」を主張した。しかし反都市的ということは都市的要素をすべて否定するものではなかった。大川の批判は資本主義的思考・功利主義思考、つまり個人の利益のみを考える意識、また風紀の紊乱、拝金主義、消費的傾向、孝等の家族倫理の崩壊、民族意識の弱さなどに向けられた。

これに対し、農村は「堅実なる国民精神（日本精神）の源泉（修身書の実行者）正直、堅忍、質素[102]」とされた。要するに、精神的な側面を重要視していたのである。和合恒男は「文明」を批判し、日本的なものの喪失を憂えた。そして「文明」の要素としての鉄道、西洋医学、西洋館、西洋式の暖房・衣服にまで否定的であった。しかし、大川はこの教えについて「批判的研究を続ける」と書いていた。大川は一九三三年初、東京見物に出かける。その記録の一部分をみよう。

東京見物記
注意　1、時間を最も能率良く使用のこと
2、農本主義の立場より東京を見学すること
3、市電を活用すること

4、金銭の置き場及び乗り物には大注意のこと
5、食品の種種試食
用意　1、洋服のこと
2、眼鏡二種のこと
3、財布、小刀、鉛筆、万年筆、手帳、葉書
4、防寒の準備大切のこと

夜大阪の□□君と共に円たくにて銀座に行く、服部時計店の四方の大時計、向こう側の松屋、松坂や等の大デパートを見学し、エレベーターにて度々上下す、予想以上の大繁華に驚く、coffeeではクロネコ、銀座会館カフェーや日本美人座等実に立派である、全屋イルミネーション飾り、東京劇場、歌舞伎座、前進座等見物す、京劇場に於いて騒ぐと皆百姓黙れ、土百姓黙れと呼ぶ
東京所感　農業経営へ必死的精神、銀行街を眺めて観あり、電送写真の驚異、宅地改善住宅改良何故出来得ざるか、京浜電車の自動扉、靖国神社の大鳥居、健康第一主義のこと、特に健康……青山墓地を眺めて観あり、農本主義より東京見物記[103]

大川は「農本主義の立場より東京を見学すること」を決めていた。それにもかかわらず、東京の新しいものには「驚く」「立派」「驚異」の言葉の連続であった。だからこそ農村に残り、農道精進すると覚悟するには「農業経営へ必死的精神」と書かざるを得なかったのだろう。大川はデパートや美人座をみて、都市の消費的、享楽的な側面を指摘した。しかしここで注目されることは、都市の住宅をみて、農村の「宅地改善住宅改良何故出来得ざるか」と書いていることである。以後、大川にとって自分の住宅の改良は研究上の懸案の一つになる。一九三三年には、「住宅　一、通

風、採光、展望等の住み心地よき地点、二、二階にして宏大文化農村住宅たること、三、間取りは終日日光の当たる様夏涼冬暖のこと、〔略〕六、台所は明るき処、食堂は台所へ採光よき処、井戸え近く風呂に入って居り乍ら納屋、畜舎、果樹蔬菜園の管理よき処、又応接室に近く主婦は此処にて半生を過す故に研究すべし(104)」と自分の構想を書き、住宅改良をこれからの「熟慮研究」の対象にしていた。

また大川は世界語である英語、エスペラント語の習得に関心があった。娯楽においては職工のスキーのような「目にあまる振舞」には批判的であったが、トランプ遊びや映画観覧は好んだ。都市の文化人風の写真術も身につけようとした。一九三七年には、おしぼりの使い方、洋食儀礼について記して関心を寄せていた(105)。また「農村にも医療を」をモットーに組合病院を設立する運動に参加していく。さらに「日本時間打破の為に時間励行に一段の努力を為せ(106)」と因習の是正にも励んでいた。

大川の生活意識、生活習慣は、当然のことであるが、既存の習慣を基盤にしていた。一つの例として大川の「配偶者の選び方」はそれをよく表している。

1、本人は血統正しく、健康にして、教育高く、温良古情にして、容貌端正なること

2、二次的条件としては、善良なる両親あること、末子たらざること、兄弟多からざること、財の程度規模合一なること、高尚なる職業たること、家風端正たること、人の上情に立ち模範たるべきこと、親戚調査よき人多かるべきこと

3、正しき家柄相応の位置たること、交通上便不便にべし《ママ》せざること、農業を嫌はざること、仲介人のよき人なること、其の他(107)

また、家族が病気にかかり、よくならないときに大川が占いを行ったりしたことも伝統的な風習であった。大川は、和合の農本主義から、食事における玄米食、食合わせ（たとえば、柿とタコは組み合わせ不可）など民間の健康法を学び、また、工業化の及ぼす影響を憂い、農村工業化について悩むばかりであった。さらに、大川は「堅実なる国民精神（日本精神）の源泉」である農村文化を守ろうとした。「とこしへに国守ります天土の神の祭りをおろそかにすな」と祭りへの思い入れを強調してもいた。しかし、大川の生活意識は、伝統的なもののみを基盤にしていなかった。彼は農村が、経済的のみならず、「文化的に冷遇され」ていることに、「今やこのままに放置せんか」と怒りを覚えていた[108]。大川は配偶者選びについては既存の意識に準拠していたが、結婚後の新婚旅行という都市にはじまって未だ農村に浸透していない風習を先進的に行っていた。「日本時間打破の為に時間励行に一段の努力を為せ[109]」と悪い旧習の是正にも励んでいた。また、住宅改良、衣服改良に関心を持っており、圧力釜にも関心を払っていた[110]。さらに農業生産活動の機械化を不可避のものとして積極的に受け入れようとした。大川の農業生産活動の基本的立場は、「本研究の目標……1、科学応用あらゆる経営の実際を眺め本年小生の経営方策の研究、2、健康……食用学の応用、衣食住の全面合理化[111]」と科学と合理化にあった。ことさらに、戦時下においては近代科学の有り難さをしみじみと感じていたのである。

このような大川は、都市的な要素を取捨選択して生活向上に利用するのに躊躇しなかったといえよう。観念的に終わらず、現実の世界に生き、生産活動をする大川にとっては当然のことであったに違いない。もともと「聖なる意義」「国防的意義」の根底には、自分も含めた農民の生活や地位向上という目標があったのである。

第四節　農本主義の浸透

農本主義とは農業に絶対的な価値を見いだし、国家存立の基礎としながら、意義あるものとしての農業を行う農民の社会的地位、経済的地位の向上をはかるものと規定していいだろう。そして最も基本的な条件は、農業を離れず「農道」に精進することであった。したがって、この農本主義は立身出世や文明の地である都市を目指して離農せず、あるいは離農できずに村に残っている人にとって受け入れる余地があった。

農本を唱える人の講演が村人を魅了したり、農本を唱える雑誌が読まれたりしていた。その一断面を、「此の時〔昭和七年〕〔和合〕恒男氏が発行している『百姓』なる雑誌を、〔関口〕渡君や磯恒男君等より借り受け一読した事はあ、る、『百姓』誌の中に秘められてある農人精神や農政観、又聴講者諸氏の話を総合して一度は御話を聴きたいものと思って居った[112]」という大川の記録から読み取れよう。一つの村落である赤堀でも農本主義雑誌『百姓』がある程度読まれていたのである。

そして「宮時〔宮田時次郎〕、松金〔松山金栄〕、磯登志雄と蒙古来襲のこと、農本立国のこと、世界文明の発祥のこと等を語る[113]」と、農本主義的な話を村人が互いに交わす基盤もあった。また「東京家政学院奉仕班中心の座談会、小生農村こそ土台であり本当のものである、都会が農村に和するところに日本の発展あると説く、最低と思った処に実は最高のものあるらしと神宮を例に取って語る、宮峯〔宮田峰作〕、宮茂〔宮田茂次〕、磯実〔磯実太郎〕、石傳〔石塚傳四郎〕発言農本主義を注入す[114]」とある。これは、一九四二年六月勤労奉仕班を受け入れて夜開かれた座談会の時に、都市の者を相手にして農民の立場を語った模様を伝えるものである。小作争議の指導者であった磯実太郎が都市の人に対して農本主義を注入していることが注目されよう。小作争議の指導者大川三郎の長男が、「岩松工場〔尾島の中島工場」の日本精神なきこと嘆く[115]」ことと併せて考えると、当然のことであるが、小作側も村民として共通の意識を持っていたのである。

一九四二年九月の共同作業の時に、「農政課長、駒安技師を中心として労力問題を中心として座談会を開催す、〔略〕小生の都市農村提携論、及び宮茂君の奉仕を受けて自分の職業でなく国家の職業なりとの二論、感ありといふ、宮峰より育圃制度の希望あり[116]」と村の人の意識の一断面を伝えている。宮田峰作の希望する「育圃制度」というのはドイツナチスの世襲専業農家育成制度のことである。兼業農家の増加、離農が起こる中で専業農家としてそのような希望があったことを示す。以上のことから、村落社会レベルでの農本主義への関心が窺われる。問題となるのはそれをどのように受け入れるのか、また「農」の意義へ信念が定着したかである。農本主義の受け入れ方と「農」への信念についてその一断面を大川を通じてみてきた。問題となるのはそれをどのように受け入れるのか、また「農」の意義へ信念が定着したかである。農本主義の受け入れ方と「農」への信念についてその一断面を大川を通じてみてきた。

ところが、大川とともに「農」への信念を語った人々が農村を離れ、工場に行く事態が発生するのであった。大川は「私どもの村で残ってゐる産青聯としては、どんな風に世の中が変わっても、ますます信念は強まる一方です[117]」と信念を燃やしたが、「親友角田雅君工場へ行くと僕に語る、信じ切って居っただけに驚く[118]」状態に直面するようになった。さらにそのような状態は続く。

磯登方に寄り氏の転業の真意を深めるに意なきを言明す[119]
大川芳雄会社へ願書提出の為離農証明の件にて農会に行ったと磯毎雄驚き来る、十四、五日前関口渡離農の話し盛んにて動揺甚だし[120]
大川芳雄〔大川竹雄の従弟〕離農決定、〔略〕上地す、叔父は今行かなければ落胆すると嫁も了解にて一家異議なき模様、有利な工場が近いためにお互い反省がないのではないか、哀れ悲しんである、商工業化いよいよ現実になる嗚呼(121)」

農村の状況が好転する見通しもないなかで、「農」への信念を語った仲間が収入増加の誘惑に打ち勝てず、信念を捨て工場に行くことに、村の青年達が「動揺甚だし」くなるのは当然のことであろう。

離村離農は土地問題につながる。戦前期の供出は耕作面積に比例するものだったので、土地は地主にとって頭を悩ませる問題であった。一九四二年に、「耕地荒廃状況調べ、〔略〕小泉中心地帯驚くべき変化なり、田の稗等極度に多く付近土地者多しと、松沢一雄〔産青連の仲間〕氏帰農十年約三万円の資産を投じ、農村更生運動に努力せしに此の土地の状況、私の今まで指導は純真であったが今の指導は土地を上げられては大変だとの腹に不純なものある指導なり、どうも私には十を三で割るような割り切れぬものあると語る(122)」とある記録は、土地問題をよくあらわしている。「農」の意義への信念もなく、隣保共助の精神もなく、生活向上の誘惑に引き付けられる農村の一断面が垣間見えてくるのである。

この農村の現状に対し、村に残って農道に精進しようと覚悟していた大川は、「郡農会長に菅原〔兵治〕先生らを招待し東毛農道振興大会を開催せよと又進言(123)」し、共同化の必要性を強調せざるを得なかったのである。

まとめ―「草の根」農本主義の意義―

一人の個人として、家庭や日常に埋没していた農民にとって、国家レベルの政治と経済は、個人として手の届かぬ所にあった。農業経営や村の人々とつきあいつつ「共同体」のなかで自己満足しながら生きることもできる。しかし、自分が携っている農業が社会から敬遠され、賤民視され、農民自らも卑下し、農村忌避現象がおこることに心細さを感じた。ここに農本主義の存立基盤があったのである。

農村の現実から逃避せず、現実に立ち向かって、農民の誇りを求めようとした大川のような人間が農本主義に影響されるのは当然のことであった。大川は農業の意義を最高の価値である神、天皇と結びつけることによって、また「国防的意義」を主張することによって自分の存在意義を探し出した。そして日本国家の一人という自覚を強く認識したのである。ここに戦時下の「国家の一員」意識を強調する動員政策が、浸透していく基盤があったと思われる。

農村忌避現象のなかで、農の意義に基づいた人間づくりには自分の欲望を抑制する克己心が必要になる。俗界からの解脱、克己、煩悩から理想実現へ向かうために、精神修養として儒教や仏教の教えからも方法を取り入れている。しかし、その目標は日本的なものでなければならず、それが戦前の農本主義の特徴であった。したがって、日本の神や天皇への信仰がその中心になる。そして農村こそ日本的なものであった。日本的なものは「反都市」的なものであった。大川が都市本位・商工本位に対して批判したのは、資本主義的思考・功利主義思考、つまり個人の利益のみを考える意識、また風紀の紊乱、拝金主義、消費的傾向、孝などの家族倫理の崩壊、民族意識の弱さなどであった。これに対し、農村は「堅実なる日本精神の源泉」であった。

しかし、伝統ばかり主張しているわけではないことは、近代文明の要素を利用する姿勢にあらわれている。もともと「聖なる意義」「国防的意義」の根底には、自分も含めた農民の生活向上や地位向上が目標にあった。そのため、生活向上のために役に立つものは受け入れていく姿勢があったのであり、国家官僚に対してもそれを要求していく。

生産力向上を通じて、自分の農業経営に富をもたらす方法には国家官僚の政策と一致する面が多い。ここに戦時下の国家官僚の政策が強制のみではないという根拠がある。しかし「農政への関心」でみたように、農民の地位向上は実現できなかったと思われる。したがって次に、この国策と個人との関係を大川の農業経営を通じて探ることにする。

なぜなら、農本主義的論理の根底には、大川が自分の農業経営の確立を最も重視したことからわかるように、経済的地位向上を指向する姿勢が存在していたためである。

注

(1) 一九一〇年木崎消防組四部小頭満期、一九一五～一九年区長、二一～二五年町議、二三～二四年小学校建築委員、二三～二八年八幡宮氏子総代、二一～二九年大通寺総代を歴任。なお二三年度県税戸数割賦課額の順位は、赤堀では一位、木崎全体では一〇位であった。

(2) 「郡長町村巡視状況報告」一八九三年一二月一七日（『新田町誌資料編』）。

(3) 「木崎町経済更生計画樹立基本調査並計画案」一九三五年、群馬県庁文書。

(4) 前掲「郡長町村巡視状況報告」。

(5) 「上毛新聞」一九三二年七月六日。

(6) 新聞の引用は、青木虹二編『大正農民騒擾史料・年表　第三巻』から引用した。

(7) 農林省『小作年報第三次』八一～八二頁。

(8) 大川家文書。

(9) 前掲『小作年報第三次』八二頁。

(10) 「赤堀地主会会議日誌」大川家文書。

(11) 一八八二年五月九日新田郡旧木崎町大字赤堀に生まれる。生家は新田学館で知られる菩提寺の大通寺に程近く、八反余に及ぶ屋敷地で居宅は赤城山から利根川に至るまで他に見ない大きな構えであったという。一九〇〇年三月（一九才）群馬県中学校卒業（翌年前橋中学校と改称）。九三年三月仙台第二高等学校卒業。九六年三月（二五才）京都帝国大学英法科卒業。一一年一一月判事となり山梨地方裁判所に勤務する。一九一三年三月判事を退職し、前橋市において弁護士を開業する。二三年九月（四二才）群馬県会議員に当選する。二七年九月群馬県会議員に再選される。三〇年二月衆議院議員に当選する。これより先の二八年二月およびこの後三二年二月の両度も立候補したが落選。三二年の落選によって感ずるところあり、以来政界を断念した。
(12) 前掲「赤堀地主会会議日誌」。
(13) 大川家文書。
(14) 前掲『小作年第報三次』九〇～九一頁。
(15) 前掲「赤堀地主会会議日誌」。
(16) 同右。
(17) 「内容証明郵便」一九二八年一〇月一〇日、通知人松山安次郎宛松村糸次。
(18) 「内容証明郵便」一九二九年二月七日、通知人吉田萬治宛大川作蔵。
(19) 『昭和十六年日記』二月二〇日、「赤堀揚水耕地整理組合解散幹事会」。
(20) 「昭和五年日記大要」『農家経営改善簿』大川家文書。
(21) 前掲「上毛新聞」一九三二年七月六日。
(22) 鹿野政直『大正デモクラシーの底流』日本放送出版協会、一九七三年。
(23) 板垣邦子『昭和戦前・戦中期の農村生活―雑誌「家の光」にみる―』三嶺書房、一九九二年。
(24) 『昭和九年日記』大川家文書。同じく以下の手帳、帳面、日記などは大川家文書である。
(25) 『昭和十六年日記』一月一一日。
(26) 『農家経営改善簿』。
(27) 同右。
(28) 同右。
(29) 『昭和十六年手帳』。
(30) 『昭和十六年日記』。
(31) 『昭和八年手帳』。
(32) 大川竹雄氏談。
(33) 『農家経営改善簿』。

(34) 清水及衛については、和田傳『日本農人伝五』(家の光社、一九五五年)を参照されたい。
(35) 大川竹雄氏談。
(36) 清水及衛「農村の立て直し」『百姓』一九三一年二～五月号。
(37)『昭和七年手帳』。
(38) 同右。
(39)『昭和十四年手帳』。
(40) 和合恒男については、『百姓』などを利用して和合の思想と行動を扱った安田常雄『日本ファシズムと民衆運動』(れんが書房新社、一九七七年)を参照されたい。
(41)「瑞穂精舎の生活」『農家経営改善簿』。
(42) 和合恒男の講演「現代社会と農民の進路」(一九三二年七月一三日、群馬県農試にて)『昭和七年手帳』。
(43) 前掲「瑞穂精舎の生活」。
(44) 前掲「現代社会と農民の進路」。
(45) 前掲「瑞穂精舎の生活」。
(46) 同右。
(47) 同右。
(48) 同右。
(49) 同右。
(50) 同右。
(51) 同右。
(52) 同右。
(53) 同右。
(54) 同右。
(55)『昭和九年日記』。

(56) 大川竹雄「和合先生を憶ふ」『ひのもと』一九四一年六月号。
(57) 折口信夫「民族生活史より見たる農民の位置」『百姓』一九三三年五月号。
(58)『農家経営改善簿』。
(59) 大川竹雄氏談。
(60)『昭和十六年日記』一月一三日。
(61)『昭和十四年手帳』。
(62)『昭和十三年・十四年帳面』。
(63)『昭和十四年手帳』。
(64)「座談会　純農家と職工農家の言ひ分を訊く」(『家の光』一九三九年八月) 四四頁。
(65)『昭和九年手帳』。
(66)『昭和十二年手帳』。
(67)『昭和十五・十六年帳面』。
(68)『昭和十三年・十四年帳面』。
(69)『昭和十六年手帳』。
(70)『昭和十六年日記』八月一日。
(71)『昭和十年雑記帳』一〇月一一日。
(72) 経営愚感『昭和一六年日記後記』。
(73)『昭和七年手帳』。
(74)『昭和九年手帳』。
(75)『昭和十二年手帳』。
(76)『昭和十三年手帳』。
(77) 前掲『家の光』四四頁。
(78)『昭和十四年手帳』。

(79)『昭和十三・十四年東京記』。
(80)『昭和十五年・十六年帳面』。
(81)『昭和十六年日記』九月一日。
(82)『昭和十四年手帳』。
(83)同右。
(84)『昭和十三年手帳』。
(85)『昭和十四年手帳』。
(86)『昭和十三年手帳』。
(87)『昭和十四年手帳』。
(88)同右。
(89)前掲『家の光』四八頁。
(90)同右。
(91)『昭和十三年手帳』。
(92)『昭和十三年・十四年帳面』。
(93)『昭和十四年手帳』。
(94)『昭和十二年手帳』五月三〇日。
(95)『昭和十三年手帳』。
(96)『昭和十六年日記』二月一八日。
(97)『昭和一五年・十六年帳面』。
(98)『昭和十四年手帳』。
(99)『昭和十七年日記』。
(100)『昭和十三年手帳』。
(101)『昭和十三・一四年手帳』。

(102)『昭和十四年手帳』。
(103)『昭和八年手帳』。
(104)『農家経営改善簿』。
(105)『昭和十二年手帳』一〇月一四日。
(106)『昭和九年手帳』。
(107)『昭和八年手帳』。
(108)『昭和十三年・十四年帳面』。
(109)『昭和九年手帳』。
(110)『昭和十三年・十四年帳面』一四年一月一日、圧力釜燃研の訪問予定。
(111)同右。
(112)「瑞穂精舎の生活」『農家経営改善簿』。
(113)『昭和十七年日記』一月七日。
(114)同右、六月一七日。
(115)同右、七月一〇日。
(116)同右、九月一二日。
(117)前掲『家の光』四九頁。
(118)『昭和十七年日記』八月七日。
(119)同右、一月九日。
(120)同右、九月一九日。
(121)同右、九月二七日。
(122)同右、九月一三日。
(123)同右、一月一八日。

表８　赤堀1923年度県税戸数割賦課順位及び参考事項

(単位:円)

町順位	地区順位	隣組	氏名	所得額	資産賦課額	賦課総額	小作争議関係	長男の氏名	備考
10	1	中	大川吉之助	1441	8.8	29.85	地主側	大川竹雄	産青連
30	2	下	小沢鍋次郎	900	0.67	13.79	地主側	小沢鉄五郎(50)	
41	3	下	松村米三郎	919	0	12.97	地主側	松村國太郎(39)	
40	4	上	宮田峯作(約50)	387	7.43	12.97	地主側	宮田清志	産青連
42	5	本郷	石塚善次郎	775	1.61	12.97		石塚傳四郎	
51	6	本郷	松村沢次郎	293	6.52	11.06			
53	7		関口亀次郎	325	5.96	10.74	地主側		
57	8	下	関口妙次	296	4.84	10.06		関口省吾(25)	兼農
59	9	中	宮田團之助	636	0	9.93	地主側	宮田茂次(41)	
63	10	本郷	小此木大重	233	5.45	9.45			
68	11	上	宮田角次郎	604	0	8.88		宮田辰五郎(約44)	店と農業
75	12	中	大川長重郎(55)	480	1.25	8.45	地主側	大川芳雄	産青連
82	13	下	大川文吉(51)	430	1.52	7.96	地主側	大川清	産青連
85	14	上	松山安次郎	386	1.82	7.55	地主側	松山金栄(約40)	
84	15	上	宮田彌文次	303	3.07	7.55		宮田三郎	産青連
94	16	下	小林邦太郎(44)	476	0	6.94	小作側		
95	17	下	小沢鍋次郎	331	1.68	6.81	地主側	小沢碩(50)	
106	18	下	斉藤安蔵(62)	235	2.83	6.46			
115	19	上	宮田菊太郎(50)	218	1.71	5.97	地主側	宮田博	産青連
116	20	中	小沢茂三郎	310	1.13	5.96		小沢重雄	
120	21	上	磯次郎(56)	336	0.41	5.55			
129	22	本郷	小林浅蔵	292	0.82	5.46			
132	23	中	宮田六郎	341	0	5.28	地主側		
137	24	上	磯富蔵	333	0	5.19	小作側	磯登志雄(43)	
138	25	中	角田栄吉(69)	190	3.89	5.18	小作側		

149	26	上	宮田千一郎	313	0	4.93		宮田時次郎(44)	
154	27	下	大川伝蔵	138	2.35	4.88	小作側	大川東一郎(33)	産青連
152	28		小沢喜一郎	172	1.78	4.88			
153	29	本郷	石塚源作	120	2.45	4.88	小作側	石塚幾太郎	
165	30	中	関口鶴吉	267	0	4.46	小作側		
168	31	下	関口カツ	247	0	4.19	小作側		
175	32		真下甚平	271	0	3.97	小作側		
178	33		滝原留吉	110	1.75	3.75	小作側		
184	34	下	大川作蔵(71)	94	1.6	3.61	小作側		
190	35	上	磯鶴吉	194	0	3.4	小作側	磯実太郎(約50)	
191	36	中	大川文次郎	93	1.44	3.39			
192	37	下	角田トラ(50)	134	0.65	3.36		角田雅(29)	産青連
196	38		岩倉輿三郎	165	0.09	3.28	小作側		ブラジル移民
228	39	下	小沢静一	66	1.56	2.71	小作側		
229	40	中	関口喜三郎(92)	81	1.22	2.71		関口渡(37)	
245	41	本郷	松本兼吉	169	0	2.52	小作側		
247	42	本郷	大川鷹次郎	71	1.21	2.5	小作側		
256	43	下	斉藤ヤソ	0	2.25	2.37			
269	44	本郷	小林吉太郎	85	0.78	2.23	小作側	小林芳平	
274	45	中	栗田豊吉	108	0.41	2.13			
275	46	本郷	小林平吉	0	1.43	2.13			
294	47	本郷	小沢新太郎	101	0	1.96	小作側		
308	48	本郷	書上彌吉	93	0	1.75	小作側		
316	49		藤川捨次郎	0	1.44	1.61			
333	50	本郷	松村糸次	29	0.7	1.42	小作側		
341	51	中	大川仁三郎(61)	0	0.98	1.32	小作側、店経営		
343	52	本郷	小此木茂平	24	0.84	1.32			
345	53	上	泉井平五郎	0	1.04	1.32	小作側	泉井好吉(31)	
353	54	上	磯傳次郎	38	0.37	1.29			

354	55	下	石塚留吉(56)	73	0	1.28	小作側		
359	56	上	磯辰五郎	22	0.75	1.25	小作側	磯毎雄(29)	産青連
367	57	本郷	小林善作	140	0.76	1.16	小作側		
396	58	中	関口標太郎	0	0.73	1.03	会社員		
409	59		堤佐市	0	0.74	0.93	店		
427	60	本郷	大川三郎	35	0.14	0.82	小作側		
439	61		大川友吉	0	0.55	0.77			
447	62	本郷	小此木忠三郎	0	0.46	0.68			
464	63	下	坂庭あい	0	0.04	0.6		坂庭信次(53)	セメント技師
476	64		須賀忠五郎	0	0.37	0.45			
479	65		櫻木吾吉	0	0.31	0.45			
478	66		小林周三郎	0	0.31	0.45	大工		
477	67	本郷	松本庄三郎	0	0.19	0.45	小作側		

注：①県税戸数割賦課額は、所得標準賦課額・住宅坪数賦課額・資産状況斟酌賦課額によって構成。
②地区順位は赤堀地区内の順位。
③人名の（　）の数字は昭和16年当時の年齢。
④小作関係は大正12年の小作争議時の区分である。
出典：本表は『大正十二年度県税戸数割賦課表』をもとに、その他の史料を参考に作成した。

第四章　中堅人物の農業経営

第一節　耕作地の経営

前章で農村中堅人物の典型として取り上げた群馬県新田郡旧木崎町（現新田町）大川竹雄の経営面積は、一九三〇、三一年度には、田が一町四反歩、畑が一町二反歩、計約二町六反歩[1]であったのが、一九三五年には水田一町一反九畝八歩、畑二町三反二畝二四歩、計三町五反二畝二歩[2]と拡大している。水田の減少は耕地交換分合の過程で減ったもの、親戚への小作によって減ったものである。畑の増加は山林の開墾によるものであった。一九三四（昭和九）年には結婚し、労働力が一人増えたので全体的に一町歩位が増えることになった。

一九三九年一月一一日に集計された「昭和十三年度経営面積」をみると、田約一町二反、普通畑一町歩、桑園一町五反、ラミー一反歩、他（宅地等）一反歩、計三町九反であった。なお一九三五年より畑が増えている。これも山林の開墾による増加である。上記の普通畑も開墾直後の陸稲畑がほとんどであった。大川が農業をはじめてからの所有面積（一九三九年一月二〇日現在の所有面積は山林を入れて一〇町六反九畝）には変化がなかった[3]。これをみると、山林の開墾がかなり行われていたことがわかる。この経営面積と所有面積から大川は中程度の耕作地主であったといえよう。

一方、この頃の作付の特徴は果樹が植え付けられたことである。胡桃や梅、葡萄、柿などの果樹が植え付けられたが、これは自家用であった。「営利」を目的としては、栗が一九三八年から本格的に植え付けられる。最初は開墾地の北を対象に植え付けられたが、「岸根〔栗の品種〕将来余る、大正早生〔栗の品種〕そのもの、柿そのもの耕地狭小、将来拡張の余地なけれども昨年の所不適」であったので、「適地適所及び営利の為移植断行」し、結局三角地（地名）へ商品作物として「耕地拡張の為三反五畝」を目標に移植したという(4)。

ところでこの年の労働力をみると、大川、母、妻とともに雇い人として一人前の初太郎、半人前の須藤永吉（邑楽郡大川村、一四歳）、そしてこの年途中から雇用された矢島昭平（新田郡綿打村上江田、一二歳）がいた。この労働力で経営面積三町九反を経営していく。しかし、この労働力では三町九反は精いっぱいの面積であったようだ。さらに一九三九年には、初太郎がやめることになり、また大川が赤堀農事実行組合長の役を担当することになったため、部落の仕事に自分の時間を割かなければならなくなる。したがって一九三八年末には経営面積をどうするのかを重要課題として考えていた。

かかる労力不足を克服するために一つには、後述するように農作業の能率化があった。もう一つには経営面積の調節とその使い方があった。これには第一に経営面積を減らして小作地にする方法である。一九三九年の春の経営面積をみると、「田一町二反歩（コンクリート畦畔とし、非常手段として除草せず）、普通畑は開墾地八反歩（陸稲）、桑園一町一反歩、宅地果樹及び蔬菜二反歩」とラミー、栗をふくめて三町五反歩くらいになっていたとみられる。すなわち四反歩くらいの耕地を小作地にしていたのである。

第二に、できるだけ経営面積を維持しながら耕地を労力に対応するように効率よく運営する方法があった。労力に比べて経営面積が広いと、考えられる方法は省力経営しかない。そこで大川が経営面積の利用上考え出したのが栗の植え付けと拡大であった。栗の植え付けは「営利」のみが目的ではなかったのである。大川が栗の植え地を「無労力地」[5]と表現したのは栗を省力経営の作物として選んだことを端的に物語っている。栗は一度植え付けると、手間がからず、収入にもなる。栗は一九三八年に植え付けられてから一九四一年には三反歩になっている。さらに一九四一年には手間がかからない作物として桐を植えた。その年二月の経営面積は、水田が靖田二反、水下八反三畝、西田四反、計一四反三畝、畑が桑園一一反、陸稲地四反、蔬菜・果樹四反、栗三反、桐三反、計二五反、合計三町九反三畝であった[6]。この経営面積をみると、再び三町九反くらいに戻っている。しかしこれは開墾によるものではなく、借りたものであった。水田の中の一反歩は若安というものから借りたものであり、水下一反歩は宮田六郎から借りたものである。宮田からのものは既存経営の水下耕地に隣接したもので集団耕地の確保のため欲したところであった。畑の面積中の三反五畝も宮田六郎から借りたものであった[7]。

ここで確認しておきたいことは、自分の貸付地があるにもかかわらず、他人から借りていることである。「拙宅の小作米四十俵位、水田五反歩該当す。自作するに如かず」と思っていても「上げ地騒ぎこりごりなり[8]」と感情的表現をしているように、小作人自らの上げ地がない限り、なかなか回収しにくくなった時代状況を反映している。ともかくこの経営面積を以前と比べてみると、前述したとおり、桐が三反歩新しく植え付けられているのが注目される。桐は「桑畑中へ植え付け完了」とあるように、桑畑を減らし、桐が植え付けられた。戦時期において大川の農業経営の作物的特徴といえば、桑園の縮小と果樹、桐など非穀物類の拡大にあるといえよう。ここで栗などの果樹や桐が植え付けられた理由をもう少し探ってみよう。

『昭和十六年手帳』には「果樹及び桐樹の開始の件〔略〕1、世襲的自家経営、土地の一時的維持方策として長男成人まで過少なる現在の労力にて維持する為等々」と書いている。まず世襲的自家経営、つまり現存の経営面積をそのまま長男にゆずることが一つの目標である。そのために「過少なる現在の労力」を以って維持しなければならない。したがって、手間のかからない果樹や桐を植え付けたということであった。[9] 一九四一年度の労働力の現状は「永吉〇・八、昭平〇・六、大竹一・〇、春一・〇、母〇・三、計三・七、一人約一町歩経営[10]」と計算している。畜力、機械化の先駆者である前橋眞八郎が、畜力機械化によれば二人で二町歩の二毛作田と四反くらいの畑が経営できると講演していることからみれば[11]、畜力機械化が進展していない大川家の「一人約一町歩経営」の労働力は、経営面積に比して「過少なる」労働力であったに違いない。大川が「労力分配第一主義、現経営の維持に労力の点に難点あり[12]」といってやまなかったのは、その現実をあらわしていたのである。

現在の労力の不足のみが問題ではない。後に雇い人の労力の利用もできなくなる。つまり、以前からの離農傾向、さらに戦時下の徴兵、徴用などの影響が大川の農業経営にもおよぶに到ったのである。

昭平十五年十二月より十八年十一月まで、永吉十八年二月まで、即ち昭和十九年度より人手少なくなる、此の年小生三十四才、春三十才、博道九才、敦美六才なり、大体此の年迄に省力経営に形態を確立して以後雇い人なき自家労力経営に移るとす、即ち人手は少なくなり雇い人は不可能なる時代となり、十九年より如何にして経営を省力的に維持し得るやに就き考察し、本年より施策を樹立せよ。[13]

昭平と永吉は契約が終わると、工場に行くか、徴兵されることになっていた。さらに、新たに人を雇うことの不可能な時代、つまり労力不足が一般化しつつある時代状況でもあった。もはや家族労働力のみで経営しなければならない状況に備えて、省力経営の確立を準備するほかはなかった。現在「一人約一町歩経営」となっているから、雇い人がいなくなる「十九年より労力二人半位、二町五反位一杯[14]」となる。したがって、経営面積をできるだけ減らさず農業経営を行うなら、栗などの果樹および桐など手間がかからない省力経営の作物を植えるしかなかったのである。

ところで、なぜ手にあまる経営面積を小作地にはしなかったのか。一つは、「桐植えの弁明〔略〕一時貸し付けはお互い為にならず尚上地騒ぎはこりこりなり[15]」とあるように、一度貸し付けると必要な時にもなかなか回収できない状況だったからであった。もう一つは大川自身が耕作権の確立、小作地国有化、世襲農地制度を主張したためである。つまり基本的に耕すものがその土地を持つべきであると考えていた。そしてそのような時代になると見込んでいたからである。

桐弁、土地世襲制、家産制、小作地国有を前提として労力少なき時は粗放経営に〔昭和一六年より〕、多き時は抜き蔬菜の集約制へ、なるべく労力懸けず多き土地を耕す為耕地の山林化へ、借入地の不安、米国の家帰来すれども我が家耕地三町歩位確保出来得る様設計、大正用水実現可能性見込み等に依る[16]。

この史料にもあるように、小作地国有などを前提とするならば安易に耕地を小作地化するわけにはいかない。将来のために家族労働力で運営できる適量の耕地を確保しておかなければならない。そのために今は手間のかからない耕地にし、将来必要なときに労働集約的な耕地に転換できるようにする必要性もある。いわば栗や桐地は予備地的性格を持っていたのである。そして大川は自家労力による適量の経営面積として、将来の農業技術としての機械化、有畜化を見込んで三町前後を目標としていた[17]。その程度の耕地を家族労働力のみで経営する場合、その前提として「機械化、集団耕地、有畜化、協同化、労働科学化」および大正用水の実現を見てこそなし得る面積であった[18]。しかるに、自分の理想の経営面積である三町より一町ほど多い経営面積であったため、宮田六郎から借りた農地を上げ地し、残る三町五反くらいを「大体此で理想通り」といって維持しようとしていることがみられる[19]。

いいかえれば、将来の見通しからみても余分の面積である果樹、桐をそのまま維持していこうと心構えていたのである。食糧増産政策が叫ばれても小作関係のあるなかで予備地としての栗や桐地を小作地にするわけにはいかなかったことが窺われる。大川の果樹と桐の植え付けにたいする「弁明」をみよう。まさに上記の理由が要約されている。

果樹園の研究、三反歩宅園に適地あり、尚将来農業の機械化時代来たり又は博道、敦美成長して労力で出て来る時は小作地の上地要求もお互いに困る問題故予備地との意味、及び労力分配上より栗〔晩秋と初秋の間の労力利用〕及び柿、麦蒔きの秋の労力利用ともに労力分配上よし(20)

以上にみてきたように栗などの果樹や桐を植えたことは様々な理由があった。将来の農業の与件（用水の確保）、技術の側面（機械化、畜力化）を考え、また小作問題に対応した苦心の結果であった。さらに桐は国策作物のラミーにも良好な効果があると理由付けされ、栗の植え付けは効率のよい労力利用のためであった。しかしそれらが植え付けられた理由を一言でいうならば、戦時下に発生した労力不足への対応であった。つまり自己耕作地の運営にみられる桑園の縮小と栗園、桐地の拡大は省力経営の考え方から出たものであったのである。まさに大川家の栗と桐の問題は戦時下の労力不足の農村の一断面を明らかにしているといえよう。

桑園は一九三八年に一町五反を最高として以後一町一反を維持していくが、これは戦時下の食糧増産のための桑園整理の強制によるものではなく、与件の変化に自主的対応をした結果であったことを確認しておこう。今までは労力不足の中でそれに対応し、経営面積をどのように活用したのか、をみてきた。次は手に余る耕地面積を維持するためにどのように効率よく農作業をしたのか、つまり技術面を検討し、戦時下の特徴を追ってみよう。

第二節　農作業と生産向上努力

一　一九三八年頃の農作業の特徴

一九三八（昭和一三）年度の経営をみると、作物は水稲、陸稲、小麦、大麦、桑、蔬菜、果樹および国策作物のラミーなどがあった。蔬菜、果樹は自家用にとどまっている。経営形態は「稲作養蚕を中心とした型にて先ず此の大要素の研究、次に陸稲、梅、栗、ラミー、畜産の研究」[21]とあるように「米と繭」中心の経営であった。一九三八年には春蚕上簇以後七月の農休まで、つまり最も忙しい六月一五日から七月一六日までの主な農作業の項目と労働時間を記している[22]。

表9をみると、春蚕上簇以後一ヶ月の間に大川自身、主な農作業に二五〇時間の労働時間を投入している。少なくとも一日平均八時間以上働いたことになる。これに蔬菜の作業および山羊、鶏の世話を入れると労働時間はもっと長くなる。この「激しい労働」を少しでも避けるためには、短期間に行われる様々な作物の農作業が手に負えぬほど同時期に集中されることなく、順調に作業が進むように工夫しなければならない。手作業がほとんどであったこの時期においては、なおさらのことであっただろう。それがうまくできるなら、「助っ人」などへの賃金を減らし、労働費の節減につながる。そしてその根底には農繁期の重労働を少しでも軽くしたいという農民一般の望みがあるのだろう。それをどのように解決しようとしたのか。大川は繁忙な時期の七月七日にそれまでの農作業を振り返って一九三九年の実行方案を立てている。

表９　農繁期大川家の労働力配分（1938年６月15日～７月16日）

		主人	春	初	永	昭	他	他	母
蚕	春蚕上簇								
	桑園中耕	29	38	41	24				
	秋蚕準備		2	7	3				4
大麦	大麦刈 発動機、原動機	8	11	11	5	2	6		
小麦	刈り取り	57	57	57	29	12			
	麦発動機および 片付乾し	27	31	34	15	13		22	
水稲	苗代稗抜	9	10	9	5				
	苗取り 苗跡耕起	6	37	1	3	2		4	
	クロネハキ	3	11	7	5	4			
	クロ塗り	37	2						
	馬耕			45	7	23			
	田植	9	18	9	7	4		7	
	肥料まき	10		8					
	弁天田修理	2	1		1				
	他クロナワ作り	4	4	4	2	2			
	配苗他田植雑事	3		5	10	2			
陸稲	手取り除草	48	64	62	50	4			

出典：『昭和十三年、十四年帳面』。

昭和十四年度実行

1、農事電化の研究
2、小麦は畑（特に早蒔き）に農林十六号、農林一号、主力田は西田のみに埼玉
3、田畦畔コンクリート化、田堰の新設
4、合理的蔬菜園の設立
5、労力分配の合理化
6、桑園の合理化
7、農経状態調査書の研究
8、有畜化の研究
9、今一応原動機の研究（有畜農業）[23]

前述の「1、農事電化の研究」とは、石油を使う発動機からモーターに変えようとするものである。大川は脱穀の時に自己所有の畜力原動機あるいは親戚所有の発動機を利用した。発動機は畜力原動機より効率はいいが、故障が多いのが問題であった。また戦争が激しくなるにつれて燃料である石油の購入も簡単ではなかったのでモーターに関心を持つように

なった。しかしモーターの購入で問題になるのは、使用電圧が二二〇Vであり、モーターを使うには家庭電力とは別の電力供給が必要なことであった。それは容易なことではなく、一九三九年最初の農事組合の議案となる（「電力の供給と付属品の配給の申請」）。

「2、小麦は畑（特に早蒔き）に農林十六号、農林一号、主力田は西田のみに埼玉」とは品種の蒔く時期を異にし、収穫の時期をも異にし労力分配の効率化を図ることであった。「3、田畦畔コンクリート化」の必要性は、鼠やモグラによって畔に穴ができ、漏水が起きるので、毎年水が漏れないよう鍬を使って泥で畔を塗らなければならなかったことにあった。畔塗りは大変な重労働であった。それで畔をコンクリート化し、労働力の節減をはかる。「4、合理的蔬菜園の設立」とは連作を避けて合理的な土地利用ができるように蔬菜園を作ることである。「5、労力分配の合理化」とは農作業と労力の分配を図ることであり、主な内容は品種の組合せであった。「6、桑園の合理化」とは品種の研究や木の間隙の研究が内容である。「8、有畜化の研究、9、今一応原動機の研究（有畜農業）」は馬の利用を考え、労力の節減をはかることであった。

以上をみると、労力の分配と節減が主な関心事であったことがわかる。それができるように畦畔コンクリート化などの耕地改良、蒔き方、品種の組み合わせなどの農事改良、有畜化、電化による農機具改良など自分ができうるあらゆる手段を考えていた。かかる工夫は能率的労力の利用、いいかえれば生産費節減の技術ともいえよう。大川はそれとともに反収増大も無視したわけではない。もう少し農作業の内容をまとめてみよう

一九三八年には栗の研究が多い。その内容は研究、植え付けの間隔などであった。つまり、岸根は栗の量は多いが、晩生なので収穫時期が農作業で忙しい一〇月となり、労力分配の面で短所がある。また木が大きくなるので株間をひろくしないと枝と枝が重なる恐れがある。大正早生は、収穫が早く、八月なので農作業とぶつからず、株間をひろくしなくてもいいが、量が少ない短所がある。この組合せをどうするのかが関心事であった。結局、大正を多くしてい

る。

水田では水稲肥料の配合の研究が主であった。単肥料を土地毎に、品種毎にどのように合理的に配合するのか、その苦心の記録が多い。麦については次のように書いている。

十四年度麦作研究〔略〕良質の安全多収方針、労力を節約して過剰因子となる徒費を戒める能率栽培を行うこと、不整地蒔きの活用、三成分配合を土地毎に考える、播種適期の実行、地力費たる堆肥の施用を土質により注意する、後作を考える、品種は農林十六号（第一品種、白渋病弱し）、埼玉七号、安全二品種組合せ、大麦には関取二号（多収、良質、短かん、早熟）よし、小麦より大麦の適期は十日遅れる。(24)

このように栽培法、肥料の配合、品種などについてごく簡単にまとめている。農林一六号は、味が良いので値も高く、ある程度の収穫量を示す「第一品種」であった。しかし、農林一六号のみを植えるのは危険である。白渋病にかかって失敗すると、その年の麦作は全滅になりかねない。そこで、味は悪いが量は最も多い埼玉と組合せ、安全を図る。また、農林一六号は肥料が多いと倒伏する特徴を持つ品種である。したがって「小麦、大麦完熟堆肥を少施すること」を心得なければならない。農林一六号はうまく栽培できれば、肥料量や労力の節減にもつながる。労力の節減は蒔き方にもある。乾田の場合は、稲の収穫の後に耕耘せず、そのまま麦を蒔く不整地蒔きをすることによって労力の節減をはかっている。また早蒔き、遅蒔きによって労力分配を図っている。要するに安全、多収、労力を重要項目として麦作が考えられていたのである。

一方、暗渠排水など耕地改良による麦の増収も検討されていた。赤堀は乾田は三割程度でしかなく、半湿田が多いところである。半湿田は麦に適していないので、そこでは高畦栽培で麦を栽培する以外になく、それ故乾田に比べ生産量が半分になってしまうわけである。大川家では麦の全耕作面積に対する平均目標反収は四俵程度しかなかった。なおさら高畦を作るには労力がかかる。労力不足となる一九四二年には水田経営面積一町四反三畝のうち、二毛作地は七反のみしかなく[25]、七反ほどは放棄していた。これは水田をあけておくことによって稲の早植ができ、労力分配の能率化をはかったのであるが、その分麦の生産量が減る。したがって、湿田の乾田化のために、半永久排水である暗渠排水をおこなう必要性を感じたのであった。しかしこれは、個人ではできない大きな仕事である。部落の人々の協力が必要な仕事であった。

養蚕については「多肥安全飼育」「P・Kの多施による労力節減」とあるように、多肥による労力節減をはかろうとしている。桑園に多肥すると繁茂し、また草が生えない。草を取る労力が節減されることはいうまでもない。労力の節減と生産量の維持・拡大は多肥しかなかったのであった。多肥は生産力増大に貢献はするが、生産費の増大ももたらすことになる。したがって「土地肥すこと、生産力となる（金肥、労力の二大生産費同じく収益なる）、したがって畜産―飼料の自給[26]」と堆肥の増産をはかる。堆肥は山林の落ち葉や稲、麦の藁を豚・馬などの家畜に踏ませて堆肥舎にいれて積んで置く。何度も切り返していい堆肥となる。したがって畜産が必要であり、「家畜なければ農業なし」といわれるほどであった。堆肥自給は生産費の節減になる。しかし、堆肥を作ることは容易ではない。さらに堆肥は運ぶにも、田畑にまくにも重労働であった。したがって、肥料の自給化をしようとしてもなかなか出来なかったのである。一九三五年の稲作において、金肥六〇円のところを自給化して五円程度に減らそうと改善目標をたてたが、失敗したことはそれを物語る[27]。

一方、新しい農機具の購入および機械化も模索しつつあった。一九三八年の記録には、効率のよい入力式籾摺り機、電化のラミー剥皮機、効率のよい畜力原動機、モーターなどが主要な関心対象になっている。農機具の改善は労力節減（生産費節減）をもたらす。その分耕作面積を広げられる可能性がある。大川が「合理的な模範経営の確立」の要素として「機械力、面積、作付け、経営の計画」と記し、機械力を重視したのは、労力の不足と拡大した経営面積の維持への対応の結果であった。一九三九年には「将来の計画見通し〔略〕農業の機械化（資本主義、極度は不賛成なれど）は生産力減退において国家存立の意義少なくない、不可避、然して粗放化[28]」と生産力低下に対する機械化の必要性を感じ、一九四三年には耕耘機を導入することになるのである。

以上が日中戦争初期の一九三八年頃における大川家の農作業の改善策であった。そこから労力分配、労力節減および安全、反収増大を原則にして農作業が行われていることが確認されよう。労力不足による労力節減と反収増大の原則は、時には相矛盾するものであった。労力分配や労力節減のための不整地蒔きが、反収減少をもたらすことはいうまでもない。その矛盾を少なくし、また具体的な改善案が施行されるよう、大川は知識獲得に熱心であった。「本村養蚕家の平均反収繭の増収を目的と為し隣郡佐波郡□村養蚕家反収六〇貫の視察」「農試視察」「研究の結果を持ち左記の所訪問、和合恒男氏、農士学校、宇都宮農学校農場、東京（櫻澤、岡本利光、労働科学、労研、圧力釜燃研等）」の訪問、栗の産地茨城県千代田村の四万騎農園の視察など各地を訪問し、知識あるいは農道精神を学ぼうとしていた。そして「科学応用のあらゆる経営の実際を眺め本年小生の経営方策の研究」をすることがその目的であった。

「科学」「能率」「合理」が農作業の合い言葉となり、労力節減・安全・反収増大を目標に、与えられた条件のなかで失敗もしながら三要素の組合せによって最大の効果を得ようとしたのである。

ところで、労力節減といっても労力絶対量が減ったのではない。労力不足発生を解決するための労力節減でもあったからである。したがって、労力の質を高める方法によっても効率的生産活動をはかろうとしている。

1、早寝早起きの実践、夜食後可及的早く休ませること（強制的なるべし）、原則として門を直ちに閉じ夜の来訪を好まず、最も早起きたるべし（小生より実行）、特に農休以後晴天の日は昼寝一時間を為さぬ、夕方早く帰宅する故朝早きこと最も肝要、2、日中専心労働のこと、量より質なり（可及的無言たるべし）、3、天候及び一週間後を考え田畑の状況を考え、労働予定の掲示を必行すること、4、朝食前必ず宅地および宅南の畑に出ること、〔略〕田の除草等は野良弁当のこと[29]

これは労働時間の効率的、集約的利用の心構えであった。それとともに、「農の意義」に満ちたその労働に耐えるため、健康が重要視された。大川にとって健康の主な方法は食にあった。それは「食正しければ心身又正しい[30]」という精神に基づいていた。「食養学」に強い関心を寄せたのはそのためであった。大川にとって正しい食、正しい心身は第一に自分と家族の健康を守り、家の安定と円滑な農業経営のためであり、さらに自家レベルにとどまらず自分の健康によって意義ある農業を成し遂げていき、健康な食べ物が豊かに食べられる国家を作るためであった。ここに農業の意義があったのである。

二　一九四一年頃の省力経営

一九三八（昭和一三）年と比べて四一（昭和一六）年には労力不足への認識が深まる。自家の雇い労働力が流出する危機意識については前にみたとおりであるが、それればかりではない。徴兵、徴用、離村などで周辺地域の労力不足が実感される時代になったのだった。

昭和十六年九月一日　筑波村視察

尾島、小泉、大川、高島等を通り、工業化の必至と農経の大改革の急務たるを痛感したること、此の地帯の耕地の五、六％も雑草荒廃地し、作物悪く田畑に女に子供、老人のみ、最近離村者甚だしい、筑波村前橋村長宅にも田の成育よきに驚き、皆三〇本近くのわけつなり、皆畜力除草の水田なり、〔略〕水田の畜力、火力乾燥機、電化、協同化等々開発の路多き知る、我が田畑を試験台と為して一層研究して此の大問題〔労力問題〕を解決せんと[31]

三月一一日にも栃木県梁田郡筑波村（現足利市）の視察をしているが、この度かさなる訪問は新しい農耕技術を学ぶためであった。新しい技術への強い関心は、右の日記にもあらわれたように戦時下の労力不足の実感があったためである。土地が荒れることは今まで考えられなかったことであった。労力不足によってもはや人力中心ではついていけず、省力経営の切実な必要性が痛感されたに違いない。この一九四一年の大川の農耕についてみてみよう[32]。

まず、養蚕対策をみると、労力節減を非常に工夫している。そして、労力節減ができるような新しい技術を試みている。最も特徴的なことは、養蚕において今までの籠飼いの代わりに条桑育（平飼い）を採用していることである。それも春蚕の場合には蚕室の狭さのため二段条桑育をしていたのを、バロックを広げてまで、より労力のかからない一段条桑育にかえようとしている。さらに晩秋蚕にも条桑育を拡大しようと「堀端四反此は腰の辺より切り晩秋の条蚕飼育と為す予定」とあるように、條の先端伐採の技術を取り入れようとしている。

もう一つの技術革新は、それまでのアゼカキによる手作業の除草の代わりに畜力除草を取り入れようとしたことである。除草を馬や牛を利用して行おうとすれば、植え方もかえなければならない。史料では、植え方の一種類として吉岡式を取り入れようとしていることがわかる。また、馬につける農機具を準備しなければならない。一九四二年畑畜力除草機として北海道産のカルチベーターを取り入れて畜力除草を実行していった[33]。

ほかにも稲や麦の農作業と同時期に重ならないように品種の選定、品種の組合せを重要視している。とくに春蚕の場合は「白繭のこと上簇早く田植労力に甚だ便なり」と品種を稲の作業とかさならないような「白繭」にし、早期上簇をはかろうとしている。

養蚕対策にみられる労力節減の原則は、他の作物栽培にも貫かれている。麦をみると、「品種の組合せ考究第一、各田排水に心懸け、不整地蒔きの為し得るよう為すこと、品種、組合せに不断の努力を払うこと、運搬車活用、畜力の活用、脱穀の研究」とある。以前にみられなかったところは、やはり除草における畜力の活用である。また、「運搬車とは今までの手引きリヤカーを改造し、牛を利用してもっと大きなリヤカーにしようと考案したものである。「小生考案の運搬車利用の為に牛の活用、労力節減甚だ大なり」と、その活用によって労力節減をはかろうとしたのである。

稲作ではどのようなことを考えていたのか。「品種の研究、旭、農林何号（農村に出て居る）、野洲千本、直播の研究、苗代の研究、秋刈り方、運搬車の活用、脱穀調整の改良等労働節減の方法尚甚だ余地多し、特に除草期の研究、大正用水実現根本なり」とある。稲作でも、やはり新しい技術は畜力除草であった。これまで水田は正条植で除草は二回目までは八段取りを人力で押し、三回目は手で整理する方法であった。大変な重労働であったに違いない。そこで畜力除草を取り入れ、労力の節減をはかろうとしている。畜力除草は水田に馬や牛をいれることになるので、植え方をも正条植から新しい並木植にかえざるをえない。畜力除草に踏み切るまでにはかなり躊躇したようである。畜力除草や機械化において先頭を走っている栃木県筑波村への度々なる視察、自分なりの研究の痕跡がそれを物語る。それまで、植えた後には馬を入れることは考えられず、その効率性に確信がなかったからであろう。一九四二年には、水田の畜力除草に踏み切っている。大川の話を聞こう。

今まで植えた後には馬を入れることは考えられなかった風土においてそれをやるので最初は笑われた。しかし、馬を入れて実験してみるとあまり踏まなかった。百株くらいつぶれるが、まわりの稲が良くなるから収穫量は違わなかった。これをやってみてわかった。村の人も最初は躊躇したが、成功してから普及した。このへんの機械化は前橋氏が先頭。赤堀の青年達が一緒にいって習った。ただ問題は操作の技術が必要だから女子や老人はできないことであった[34]。

新しく効率性のよい技術であっても村に定着するには、確信を得るまで抵抗があったことが窺われる。ほかの中心作物はどうであったのか。

ラミーの抜根は十八年迄〔略〕宅地桑樹の抜根と蔬菜及び甘藷地の設定のこと、十六年春実行する、陸稲は大開墾四反歩と他桑園の改植に依って毎年一反歩、例年五反歩が標準のこと、半分を直播、半分を移植栽培のこと、耕耘機あれば充分に小麦をとり、後耕耘機にて耕耘し全部移植栽培と為すも一方法なり、品種、早中晩の組合せを考究すること、甘藷は宅地植のこと、畜力堀取出来得る様尚多収栽培の研究を行わんとす、蔬菜は可及的宅地利用のこと、食養学的な種々の蔬菜を多く栽培すること、大豆、綿、飼料玉蜀黍等の自給策をも講ずること、総て宅地の作業は朝食前行うを原則と為す[35]

国策作物のラミーの抜根と、陸稲、麦の栽培における耕耘機の必要性が注目される。いままで馬耕（馬の徴発以後は牛耕）によって耕起と代掻きをしてきたが、耕耘機の採用によって労力の節減はもちろん、「稲、麦の成育よく、陸稲移植栽培簡単に出来る、然も成育よし、したがって、前作の麦も刈り取り後耕耘する故全面利用蒔きが出来る、不整地蒔きの耕耘に」利用するなど反収増大の効果も見込んでいた。そして、一九四三年にもう一人の農民と共同で耕耘機を買い入れた。労力不足が以前より深刻になる一九四一・四二年において、大川は「労力分配第一」主義をとり、「多角経営と為さず重点主義[36]」をとることで自分の農業経営の方針を結論づけていたのである。

第三節　個人と村落と国策

以上の如く、大川は戦時下の労力不足、物資の不足（とくに肥料）という与件の変化のなかでも、農業経営向上の努力を行っていく。戦時期以前からの品種選択、品種の組合せ、労力分配、自給肥料の拡大などの努力とともに、戦時期にはコンクリート畦畔、機械化、協同化、有畜化、電化、暗渠排水、新農機具の導入、新しい技術（条桑育など）の習得をはかり、また水確保のための大正用水運動に尽力している。戦時期の大川の農業経営の特徴は戦時期になって始まったものではない。各地で行われているものから自分の経営に必要なものを研究し、取り入れようとしたものである。以前、必要性を感じていたものが戦争下の与件の変化によって拍車がかけられたとみていい。

この中には協同化、たとえば、産業組合、共同作業、共同炊事などのように村人の協力なしにはできないものがあった。この協同化は経済更生運動でも非常に強調されたが、個別の農家経営を基盤にしている村落社会で簡単にできるものではなかった。戦時期の一九三九年八月一五日に木崎町農会協議会では自給肥料の増産の件で堆肥増産が論議された。県からの強い要請があったためであった。協議会で「九月一〇日迄堆肥班の申し込み、五人一組、一人にて一〇円以内、セメント、砂利代県補助[37]」と決めても申請者がいなかった。

耕作地と離れたところまでいって堆肥を作り、後にそれを運ぶことや堆肥の分配など面倒なことをして共同作業する人がいなかったためであった。田植えや秋の収穫期の共同作業、共同炊事、託児所の運営にも参加しない人がいた。一九四一年一一月、共同作業の時に「第一日ナレド共同作業、共同炊事トモ以外ニ好評ヨリ安堵セリ、盛況ニ宮辰、宮芳モ追加参加シ関源モ後ニテ参加ヲ乞ヒ来タルドモ、時々ノ事故前ノ家ダケハ拒絶ス[38]」とあることから、共同作業に参加して得る利害を考え、参加しない人がいたことが窺われる。赤堀では、協同化が、県の指導とその必要性を知っていた大川のようなな人のリーダーシップによって、実行されていく(39)。大川は「少ない物資の配給に農産物の供出に共同炊事共同作業等部落協同化の経営に、保守一徹な村人の今日の飛躍的心の展開を見るにつけ事変前の農村を想ふて隔世の感なきを得ないのである(40)」と述べている。

暗渠排水も関連農地の村人の協力と資金面での県の支援が必要な事業である。曲折がありながら、一九四三年に実施されるが、実施されるまでの模様を次の史料は語る。

昭和十七年
四月十五日　土地改良会議、町議、区長、農役人、耕地課より三原技師来村、暗渠すすめる、大体宮峯、石傳、磯登行き、本年秋施行のため調査、測量を依頼す、四月十七日、暗渠排水工事視察
四月二十五日　耕地課より二人暗渠排水工事踏査に来る、役員全員出る
四月二十九日　暗渠測量終了す
七月十九日　一村会にて土地改良総額三万円の暗渠排水の件延期と決定す
八月七日　常会、耕地課久保田主事暗渠を行えと強要に来たり、辞去の後に皆に相談すれど何の反応もなく結局大正用水実現後迄待つと為す(41)

赤堀はもともと湿田が多く、麦作に適していなかった。大川の提案で乾田化のため暗渠排水運動が始まった。大川は以前から小麦生産性向上のため暗渠排水の必要性は常識として知っていたが、関連農地の農民の協力が必要な事業だったので、話だけに終わっていた。しかし、増産という国家政策から、県の奨励のもとに、増産事業としてこれが始まった。予算は、県の負担、労働力は赤堀で提供することとなった。しかし測量も終え、工事を始めようとしたと

きに村人の反応が変わってきた。工事に必要な土管の置く場所が二、三町歩も必要であり、労力不足下の労働力提供の問題、空襲の心配、暗渠をすると地盤が沈下するという話などが要因となった。県から「強要」に来ても応じようとしなかったのである。地域利益重視の立場に対し、県の強要も通じなかったことが窺われる。

その後、一九四三年に県からの暗渠排水の命令、および暗渠排水のもたらす利益を確信していた大川の努力によって、工事は実行されるようになった。さらに、大正用水の建設は、政府の支援なしには出来ない大きな事業であった。郡翼賛会、郡農会などの組織を利用して、県の職員および関連地域の有志に働きかけ、また関連地域の県議、代議士に働きかけなどをし、一九四三年には着工される(42)。つまり、食糧増産を口実に、暗渠運動や大正用水運動などの地域利益をはかろうとしたのである。

このような大川が、「増産」に反対するはずはない。大川は、さらに戦時期の増産政策を利用しながら、農業経営の向上のための懸案を成し遂げていこうとした。大川の住む赤堀のみを見ても、大川のように、労力不足や物資不足などの時代の変化に対応し(43)、農業経営における変化、村の既存組織の補強など、「村」の変貌への自主的努力をしていく人々がいたのである。政府や県の官僚も、この地域社会の自主的努力をできる限り支援しないわけにはいくまい。ここに、戦時期の官と民の共通の領域があったと思われる(44)。国策の「強制」による「受容」だけで語るわけにはいかないのである。

しかし、食糧増産政策は戦争遂行を目的とした国家の政策であり、地方社会の「増産」は個人の農業経営の向上と地域の利益を基盤にする。その意図において明らかな差があった。たとえば、農作業において作物の選択は自己の経営利益と農耕条件を考え、自分が選定するものである。しかし戦時下においてはそのようにはいかない。国家の見地から必要な国策作物が県から奨励されておりてくる。つまり、個人の自立性が制限され、官僚の統制が農作業にまで及ぶにいたった。それは個人の利益とぶつかりかねない。大川はどのように対応したのか。

ラミーは麻の一種で、対米開戦後はアメリカからの綿花の輸入が不可能になったため、洋服原料として県から栽培が奨励された。しかし七月末、最多忙期に葉のもぎ取りをしなければならず、また害虫が多く収入も少なかったので、早くも一九三八年末には「ラミーの抜き取り」を考えていた。一九四三年には抜き取りが断行されている。県は国策作物といっても、ラミーについては奨励と公定価格による物資確保の方法以外には強制はできなかった。

県が、この地域の主力としたのは桑園の整理と甘藷の強制的供出であった[45]。一九四一年三月には、赤堀の養蚕組合、農事組合の会議に県から官吏が派遣され、桑園整理割当および作付け割当を指示し、これを受けて開かれた常会では「技術員、増産割当の説明、整理桑園の割当、作付けの割当の説明[46]」がなされている。桑園の一部を整理し、群馬県に国策作物甘藷が割り当てられたことがその内容である。しかし村人の反応は、「食糧増産時代なれども減反時代もあり、政府の見通し甚だ困難なり、公益優先といえども誰も桑を抜き行い食糧増産すべきだが出来ぬ、開墾、家産制、分村先ず第一に必要なり[47]」という、消極的なものであった。労力不足の省力経営時代に、労力のかかる桑園整理は簡単な作業ではなかった。また、甘藷はガソリン、アルコールの原料として県から栽培を奨励されたが、除草などに大変な手間がかかるし、また重量物のため運搬が容易ではない。甘藷はなおさら「小麦、水稲、晩秋蚕への影響を克服し、生産費一〇～一二銭を割って八銭で供出、経営上に大損〔ラミーも同様〕」というように忌避すべき作物であった[48]。

一九三九年五月には「肥料・甘藷問題の県への陳情にいくことにし、一八日に陳情にいく途中、木崎の駐在所から陳情のことを聞いた太田警察特高、急ぎ来村の途中激突[49]」という事件が起こった。忌避すべき作物である甘藷の供出に協力しようとしているのに配給肥料は少なく、かえって肥料商人の倉庫には肥料は多くあるという肥料配給制度の欠陥に不満が爆発し、大川のリーダーシップのもとに赤堀の人々が県庁へ陳情をしようとして起きたことであった。五月一七日の赤堀農事組合では次のような決議をしていた。

吾等農人は時局の重大と吾等の負担たる農業生産力の維持、否其の迅速なる拡充の急務なるを痛感するものなり、然るに吾等の直面せる農業政策はその遂行を阻害さるの現状にあり深憂に□□□依って左の決議を為す

決議

聖戦遂行上の犠牲の分担公平ならずと信ず、然るに尚農林増産の主因たる肥料その他資材の分配よろしきを得ず、それ時局の認識の相違による失政なり、吾等は当面の政策に修正を加え其の反省をみるまで酒精原料甘藷の供出を留保す(50)

このささやかな反抗は、肥料商から公定価格で肥料を調達することでおさまることになるが、これは個人の農業経営と政府の増産政策との利害の差が明らかになった事件であった。以上の例からもわかるように、軍需物資の確保という増産政策は個人の自律性のみに任せてできるはずがなかった。奨励金や公定価格額誘導のみによってもできなかった。したがって、増産政策は強制的統制にならざるを得ない。一九三九年に最初の食糧増産計画を策定してから、一九四一年には重要食糧自給強化一〇年計画を立て、その実現のために一〇月には農地作付統制規則、一二月には農業生産統制令が制定され(51)、個人の自律的農業生産活動が規制される。

群馬県では、一九三九年「重要農産物ノ増産計画ニ関スル件」「農業労力調整ニ関スル件」などが知事指示事項としてとりあげられた(52)。一九四一年には政府の増産計画に対応して米穀一一五万石、大麦四三万石、小麦八〇万石、甘藷二千万貫、馬鈴薯千二百万貫の増産計画を樹立し、また桑園四万町歩のうち二千町歩を食糧農産物の耕作に転換することが決まっている(53)。

戦争後期になるほど統制は厳しくなり、供出量も増大していく。一九四三年二月には管理米追加供出の指示があり、

三月に木崎農組協議会では「根岸木崎分所長一万供出に達する迄保有米全部出せとの言を唱え、小生詰め寄る、彼立場を失い会場混乱せり」[54]という一幕があった。「吾々の時局への不平」[55]、「村に病人続出、節米のためと人は云う」[56]といった騒然とした村の雰囲気があったのである。一方、農業技術の統制も行われ、施肥技術においても単肥ではなく配合肥料が配給され、配合の自律性が制限された。赤堀では大川竹雄などが世話人になり、栄養周期説と分施を主張する東京農業大学教授大井上康が「肥料学あれど農学会に施肥学なしと現官僚技術陣を痛爆す」という内容の講演会を開催し、単肥配給を要求したところ、特高警察に反政府的行為であると注意され、国家の施策に従えといわれる場面もあった[57]。

官僚にとって、食糧の増産は絶対の遂行目標であった。彼らにとっての農の意義とは、大川のような農民の経済的、社会的地位向上にあったのではない。

此の増産の計画を完遂し其の実を挙げるためには先ず総ての農家農業報国の精神を昂揚し、黙々として増産に挺身する気運を醸成すると共に技術指導の徹底を図ることが最も肝要と存ずる〔略〕食糧増産は此の際絶対に遂行せねばならぬ課題であります。したがって此の限られたる資材を最も有効に利用し、物の足らざる所は精神力を以て補い増産に邁進することこそ此の非常時に於ける真の農民道たるものと確く信じる[58]。

官僚にとって、農民道とは、政府の政策に従い黙々と増産に挺身する「臣民」の姿であった。以上のように、官僚の意図と地域社会の論理の間には埋められない乖離があったのである。

しかし、政府にあっても、農産物の生産数量および作付面積などを正確に把握するほど計画性もなく、それをなしうる人的資源や能力も不足していた。だからこそ政府は部落責任制をとり、部落の集団的能力に依存せざるを得なかった。また群馬県当局は無理に作付面積の強制をやめ、重要農産物の供出量を確保する路線をとっていくようになる。官僚も現実に沿った「強制」策をとらざるをえなかったのである。赤堀は甘藷問題において、栽培者には補助金を出すことによって、また、高畦栽培による多収穫をはかる丸山式栽培方法を取り入れることによって、個人経営と国家的要請に応じていくのであった。そのかたわらで、前述した如く「増産」をスローガンに、暗渠排水、大正用水の建設など、いままで実現できなかった念願の事業を成功させるしたたかさをみせるのである。

そして、官僚の政策との利害の差をのりこえていく一つの基盤が、救国意識、つまり愛国心にほかならない。その一例が桐の抜き取りであった。前述したとおり、栗園と桐畑は労力不足の時代に将来の営利と無労力地として、あくまで維持しようと心構えていた。それを抜き取ったのである。

桐の問題
食糧増産の声甚だしき時、梅七畝、栗三反は、六七年前の設計故致し方なしとするも、尚桐三反新植は少年隊副隊長、翼賛会理事尚偉い事を申す小生として、例え昨年の設計とはいえ断行し得ず、今まで朝夕如何に処置すべきかと苦慮せしことか、正義感に訴え尚ひのもとに和合先生の戦時農業経営法を読了して感あり、遂に抜き取りを断行す(59)
桐断行宅南へ移植は食糧増産のため臣道実践、(桐三反)整然と植え付けたる、然もない肥料を二叺もくれ藁も大変施し一週間も三人で取ったのを思うと残念で幾度思い返し断固抜くと行っては思い止まったことか、しかし断行してみると欣快である(60)
桐移植断行後の堀端北三反三畝、北一反専用桑磯恒へ、次一反磯実君へ、次一反三畝宮亀へ賃料の話をなし、今日分割す、反当十五円位の賃料と暫定的にて五年契約のこと、ラミー抜き取り本年不可能ならば残し置くも可能なり、皆大喜びの模様なり。長い間の懸案たけに本日断行せし後の喜び限りなし、桐移植し耕地解放理想の中農になりつつあるを喜ぶ(61)

桐の抜き取りは、悩んで選択した結果ではあるが、強制によるものではなかった。村のリーダーとしての責任感、食糧増産のための「臣道実践」という意識による行動であった。これが、不満ながらも与えられた供出量などを成し遂げていく原動力になったと思われる。大川が「いま農村は、ナチスのいわゆる『食糧の自給なくして国家の独立なし』の心意気で、自給食糧の増産、輸出農産物の増産、損得を越えた軍需品の奉仕的供出、出征遺家族への労力奉仕と、人や家畜のひどい欠乏と戦いながら、老いも若きも婦人も、涙ぐましいまでに聖戦貫徹へと努力精進を続け、働き過ぎのため健康を害している状態でさえ(62)」あると述べたこと、「カソリンの一滴は血の一滴という愛国の熱情より」、軍需品としての甘藷を「奉仕的供出」していると表現したことも、「百姓(賎民)と呼ばれながらも帝国皇道宣布のために非常な役割を果たして居る農民の姿(63)」と表現していることも、誇張でもなく、身をもって経験している現場の声であるように思われる。

まとめ

本章の主人公大川にとって、農業を営む理由は最高の価値である神、天皇への奉仕などの「聖なる意義」と、戦時期に強調された「国防的意義」であった。それを一言でいうと「農道尽忠」といえよう。そしてこの意義を満たす聖職としての農耕生活の第一歩は、自家の農業経営の確立にあった。自分の勤労を、絶対的価値である天皇と国家への奉仕として積極的に評価し、真面目に勤労し、その結果、得られる農業経営の利益を否定せず、むしろ積極的であった。いままでみてきたように、大川は戦時下の労力不足、物資の不足（とくに肥料）という悪条件のなかでも農業経営の向上努力を行ってきた。経営面積の運用面からみると、桑園の縮小と栗園、桐畑の拡大が戦時期の特徴としてあらわれた。これは営利と無労力地の確保のためであり、技術ないし農法の革新や小作問題の解決などの将来に備えるものであった。桑園が一九三八年を最高として一町五反からそれ以後一町一反に減ったのも、与件変化に対応する自主的努力の結果であり、官僚の食糧増産政策の強制によるものと一概にいえないものであった。

一方、農業生産力向上の面からみると、当時の条件のなかでできうるあらゆる農事改良とともに、耕地改良も行ってきた。さらに、食糧増産を口実に、大事業である暗渠排水や大正用水の建設などの地域利益をもはかっていくしたたかさがあった。また、労力不足、物資不足のなかで、共同化の必要性について痛感していたことも確認した。したがって、安田常雄氏のいうように、戦時下の時代状況に追われ自己納得していく受動的姿勢に徹していたのではない(64)。戦時下においても以前から続いた自律的努力が貫かれていたのである。

以上が、個人の農業経営レベルにおける姿であった。国家と無縁の世界に生きてきた一人の農民が、農業の意義を「聖なる意義」「国防的意義」に求め、そこから農民としての誇りを感じようとすることによって、日本国家の一人という自覚を強く認識することになった。ここに戦時下の「国家の一員」意識を強調する動員政策が浸透していく基盤があったと思われる。また農業生産力向上の努力も、戦時下の食糧増産政策によるところが大きかった。したがって、戦時下の国家と地方社会の関係を「強制」のみをもって解釈するわけにはいかない。

しかし、大川が農業の意義を強調する根底には、農民の経済的地位と社会的地位を向上させようとする意図があったのに対し、戦時期の農業政策は、戦争物資の確保とそのための与件づくりに意図があった。官僚にとって、農の意義とは、政府の政策に従い黙々と増産に挺身する「臣民」の姿にあった。ここに、官と民が共通項を持ちながら、乖離する点があったのである。作物の選定における自律性の制限、配給制度の矛盾、過重なる供出量、闇等などによる

「時局への不平」はやまなかった。また、農民の経済的、社会的地位の向上を図る大川としては、「農人は、公租公課の不公平、都市偏重の政策等政治経済的に圧迫[65]」されている現実、「租税に、文化的に冷遇され、経済的には農産物指数一一三、購入農家用品一五六」という現実に対し、「今やこのままに放置せんか[66]」と、怒りを覚えざるを得なかったのである。

さらに農民は社会から賎民視され、農村内部からも自然にどんどん離村者が増えていく。専業農家としての大川は、都市発展の制限、都農格差の解消などを主張するが、ついに受け入れられることはなかった。これをみても、板垣邦子氏のいうように[67]、戦時期の食糧増産政策への協力を戦時革新への期待にのみ求めることは一面的であるといっていい。不満ながらも国策に接近していく一人の農民としての姿は、「聖戦貫徹」という救国意識、つまり負けてはいけないという愛国心を基盤にしたものといえよう。救国意識が要請される時代状況のなかで、農業の意義を「農道尽忠」に求めた人間が、その意図は別にあったとしても、その論理に自縄自縛されていく時代の模様が確認されたといえよう。

以上の内容からみると、須崎慎一氏[68]のように戦時下の国家と地方社会の関係を「強制」のみをもって解釈するわけにはいかない。官と民には目的のズレはあるにしろ、民の自主的努力と官の政策内容には共通項があり、また官と民の関係も深まっていたことを確認した。大川の自主的努力は、安田常雄氏のいうように戦時下の時代状況に追われ、自己納得していく受動的姿勢ではない。それは、板垣邦子氏の描いた、敗戦まで農村振興運動を貫いていく農村指導者の姿と同質的なものとみていい。しかし、板垣氏のように、戦時期の食糧増産政策への協力を戦時革新への期待にのみ求めることは一面的である。その期待を裏切られ、農村振興運動の望む方向とは反対の現象が起こるという側面が捨象されていたのである。本章が、農民のしたたかな自主的努力、それと国策との一致と乖離、および救国意識を中心に叙述したのは、以上の研究動向への批判からでもあった。

注

(1)『農家経営改善簿』。
(2)『昭和十年帳面』。
(3)『昭和十三・十四年帳面』。
(4)『昭和十年帳面』。
(5)『昭和十六年日記後記』二月八日。
(6)同右。靖田、水下、西田は地名。
(7)宮田六郎は子供夫婦がアメリカへ移民したので宮田六郎一人のみ残されていた。したがって、老人一人のみではあまり農業が出来なくなり、宮田から半分頼まれて借りることになった経緯があった（大川竹雄氏談）。
(8)『昭和十六年日記後記』二月八日。
(9)『昭和十六年手帳』。
(10)『昭和十六年日記後記』三月二八日。
(11)同右。
(12)同右、三月三〇日。
(13)同右、二月八日。
(14)同右、三月二八日。
(15)『昭和十六年手帳』。
(16)『昭和十五・十六年帳面』。
(17)「将来の農業、地主としては機械化、有畜化、三町前後の目標」、同右。
(18)『昭和十六年日記後記』三月六日。
(19)同右、三月二八日。
(20)同右、二月八日。

(21)『昭和十三・十四年帳面』。
(22)同右。
(23)同右。
(24)同右。
(25)『昭和十七年日記』三月一〇日。
(26)『昭和十三・十四年帳面』。
(27)『昭和十年帳面』。
(28)『昭和十四年手帳』。
(29)『昭和十三・十四年帳面』。
(30)『昭和十六年日記』八月一日。
(31)同右、九月一日。
(32)以下の内容は、『昭和十六年日記後記』三月三一日のものである。
(33)『昭和十七年日記』。
(34)大川氏談。
(35)『昭和十六年日記後記』三月三一日。
(36)同右。
(37)『昭和十四年手帳』。
(38)『昭和十六年日記』一一月一五日。
(39)『昭和十六年日記』『昭和十七年日記』。
(40)大川竹雄「農本日本にかへれ」『国民運動』三五号、一九四二年一四頁。
(41)『昭和十七年日記』。
(42)『昭和十七年日記』、『昭和十八年日記』。
(43)大川は一九三六年に県の指導のもとに自発的に産青連を結成し、木崎の産業組合の振興に努力した。三九年には既存の農事組合が組合長、副組合長、会計、監事の役員と組合員から構成されていたのを総務部、生産部、経済部、社会部に分け、組織の強化をはかり、四二年には養蚕組合と農事組合とを統合した部落経済組合を組織しようとした。また赤堀では四〇年には共同作業研究会、四一年には農地研究会、四三年には栄養周期説研究会が結成される。なお部落会を効率よく利用するために常会と農事組合会合や養蚕組合会合を同日に開催し、さらに四三年からは多忙のために会合への頻繁な参加が難しくなると、部落常会と組合会合を統合した「暁天会」をつくり、神社参拝の時を利用して村のことを相談した。

(44) 群馬県発行の「農業労力需給調整計画」(『群馬県史資料編　二四』一七八頁)をみると、大川のような個人の農家経営の方向と一致する面がみられる。なお戦時期の官僚の農業政策については、田中学「戦時農業統制」(『フシズム期の国家と社会　2』東京大学出版会)を参照されたい。

(45)「甘藷・馬鈴薯及び麻類の増産計画」、前掲『群馬県史資料編　二四』四五〇頁。

(46)『昭和十六年日記』三月一七日。

(47)『昭和十五・十六年帳面』三月一六日。

(48)『昭和十四年手帳』六月一三日。

(49) 同右、五月一九日。

(50) 同右、五月一七日。

(51) 田中学前掲論文、三五四〜三六五頁。

(52)『群馬県昭和十四年六月　市町村長会議事項』。

(53)『群馬県昭和十六年五月　市町村長会議事項』。

(54)『昭和十八年日記』三月一二日。

(55) 同右、三月二九日。

(56) 同右、四月二九日。

(57)『昭和十七年日記』九月八日。

(58)「知事訓示要旨」、前掲『群馬県昭和十六年五月　市町村長会議事項』。

(59)『昭和十六年日記』四月一九日。

(60) 同右、四月二五日。
(61) 同右、四月二五日。
(62) 大川竹雄の発言、前掲『家の光』一九三九年八月号。
(63)『昭和十四年手帳』。
(64) 安田常雄前掲論文。
(65)『昭和十三・十四年帳面』。
(66)『昭和十四年手帳』。
(67) 板垣邦子前掲論文。
(68) 須崎慎一前掲論文。

終　章

本書が対象とした昭和戦前期は、世界的に混沌とした状況の中で、日本が如何にして一等国として生き残っていくのかをめぐって、日本の権力層が葛藤し、新しい道を模索した時期であった。この新段階に直面した昭和戦前期において、日本の国際的地位を維持しようとした国家官僚は、日本国民に何を要求しようとしたのか、また国民をどのような方向に導いていこうとしたのか。それに対し、支配の客体としてだけではなく、自らの農家経営や生活文化の立場に立つ農民、および地方村落社会はどのように対応していったのかを明らかにすることが本書の課題であった。

この課題に接近するため、第一章では、昭和戦前期の村落社会の動向を、村政担当者としてのいわゆる「中堅人物」を軸にして把握するに先立ち、昭和戦前期の村政運営の秩序をそれ以前の時期と比較する観点から述べた。対象地域は、小作争議のなかった群馬県新田郡の綿打村や笠懸村とし、村政運営を村政担当職の階層構成、および担当職の選出過程、村政運営の重要事項であった小学校問題などを中心に考察した。

その結果、町村制施行直後から役職に自作・自小作以下の層が登場してくること、さらに明治・大正期に中・下層の自作農や自小作以下が役職に登場することは外皮的現象にすぎないのではなく、実際の村政運営に彼らの影響力があったことも指摘した。町村制施行直後においても、農村内の実態においては自作農・自小作農が地域有力者として活躍しており、彼らの参与と協力なしには村政運営はうまく進行できなかったと思われる。つまり、有力者は地主によって独占されていなかったのであり、自作や自小作層も有力者としての影響力を持ち得る柔軟な村落秩序があり、その点においては明治期の農村支配構造＝地主支配構造とされる強力な地主支配について、再検討すべき地域が少なくないことは、既に指摘した通りである。

このような村落運営秩序の延長線上に、一九三〇年代農村内の支配構造も成り立っていたと思われる。綿打村や笠懸村での村政担当者の階層分布から確認したように、年ごとの小さい差はあるにしろ、町村制の施行直後の傾向は一九三〇年代にも続いていた。また、近代化の進行につれて、産業化の現象、階級の問題が注目されるようになるが、それにもかかわらず、綿打村や笠懸村でみてきたように、少数の有力者によって村政運営や部落運営が主導されたことについては、有力者の在地的性格および近代化の中で現れてくる一般住民の政治的無関心と直接的な関連があるということも指摘した。綿打村と笠懸村の分析を通じて再度強調したいことは、いわゆるファシズム時代にみられる村落運営構造は、すでにそれ以前、町村制施行初期からみられる現象として、その延長線上におかれている点である。

今まで多くの研究が町村政の担当者の段階的な変化の側面を強調してきた。これに対し、筆者は明治初期から見られる連続的側面をみようとしたのである。資本主義の発展段階に伴う地主制の変貌という一般的命題を前提にし、村落運営の秩序も地主的支配秩序から変貌していくとするこれまでの多くの研究に対して、反命題を提示したつもりである。

第一章の対象地であった綿打村、笠懸村は小作争議のなかった地域である。これに対し、第三章、第四章の対象地木崎町赤堀は小作争議を経験した地域であった。小作争議という部落内の階級間の対立は、既存の部落運営秩序を変えるものであった。小作側、地主側が各々農民組合、地主会を組織して階級の利益を尖鋭に表出したことは、いままでになかった新しい対立の形態であった。筆者は明治期から自小作農が村落有力者として存在しうる村落秩序であったからこそ、小作争議が起きたと考えている。赤堀の小作争議の中心人物の一人である磯実太郎（自小作）は、区長も勤めた人物であった。一九二九年の町議選で、赤堀では部落を代表するものではなく、階級を代表するもの同士の選挙戦となって地主側の松村米三郎、小作側の大川三郎が当選した。しかし、一九三三年の町議選では農民組合の弱体化により小作側は立候補できず、以後赤堀の町議は再び部落の代表の性格を取り戻していた。一九三三年の赤堀の町議は小沢碩、宮田峰作（第三章の〈表8〉を参照）であり、以後も部落民の信望も高い彼らは重任することになる。次の史料は、一九四二年の翼賛体制のもとでの町議選挙という限界はあるものの、赤堀小作争議の中心人物であった大川三郎が、当部落下組の地主小沢碩の町議当選に協力していたことを示している。

五月五日　町議選出の件、配給所にて〔赤堀〕各組合選出の推薦委員、選考の委員会開催す、宮田茂次を推し〔候補として大川竹雄が推薦〕、各組合に町議候補二名の時と一名の時の場合にどうするかを申し合わせ解散、参加者正副区長、松村〔本郷〕、大川用次郎〔本郷〕、松村国太郎〔下〕、小林邦太郎〔下〕、大竹〔中〕、宮茂〔中〕、磯実〔上〕、松金〔上〕氏なり
五月十五日　小沢碩候補事務所開き、大川三郎宅、六時から八時迄、宮峯、小新、宮茂、大竹、松國、小碩、大三七人酒二升
五月二十三日　町会選挙、推薦十二名自薦候補なし、然し〔木崎〕下町多田與一郎氏斉藤国太郎〔中町〕を推すべき処出た為に分派し、多田三十二票にて危なく当選す
斉藤立候補せざるに二十票入る、又多田の票隣町の森田新衛〔七十二票最高〕に行く、多田前町長今度は大変困却の模様、人間進退あり、本村の推薦小沢碩第二位、在村票七十五票中病気無筆七票あり、尚村人を通じ他町村人依頼三、五票あり、大体予定票出る、夜事務所に於いて宮峯、大三、松国、大竹の選挙委員(1)

この史料は、町議の性格が部落代表の性格を取り戻したことを物語ると同時に、この史料から有力者による候補選定、その作業がうまくいかなかった場合のこと、有力者の集票動員力などが小作争議のなかった笠懸村の村議選出過程とほとんどかわりのないことを読みとれよう。赤堀の部落運営の中心も町議であり、区長であった。そして部落の農事実行組合長が彼らのもとで実務を実行していくような仕組みとなっていた。区長、町議が主宰する村会や常会で重要な事項は決められた。また区長は、「〔木崎町〕産組理事会十時〜四時迄、純利益三千円余り、区長係へ七五円、農組一五〇円、組合役員報酬一五〇円と決定す(2)」とあるように、産業組合の事業においても部落の代表としての役割を果たしていることが窺われる。部落の有力者が自分の部落の利益に貢献する姿を見せ、部落住民から信頼を獲得していたことも笠懸村と同じことであった。

次の史料はそれをあらわす一つの例である。

昭和十六年三月十九日　大正用水陳情（一〇時〜夕方迄）、郡翼賛会発会式参集の有力者に実現陳情に決し、上、中〔組〕の都合つくもの、宮時、松金、宮峯、磯実、大竹、宮茂、大芳、角春、石伝、中江田連絡小澤新太郎、役場農会長へ角春了解に、町長不快の模様なれど赤堀前記の者行きしに町長此の様な陳情も非礼で出来ぬと大変怒り、町長、農会長、助役帰途につきし後、小生木村県議に一同して面会し、大変激励されて帰る、帰途助役宅に寄り本日の非礼を謝す(3)

三月十九日の朝、急に小生運動を展開し本日の翼賛会の機を利用せんとせしに、日誌の記入の如き町長曰く、小生も及ばずながら一生懸命運動しては居る（然し何もして居らない、この前、前橋陳情の折木村県議関係、町村長会議関係して耕地課長招待の契約も行わず助役に相談もなし）のに諸君が不満なら僕は手を引くと極論す、〔略〕先日の知事の視察の結果なども町長を通じ聞き、又運動方針も研究したい、又農会長を通じ、氏を応援し

て郡農会長に面接調印運動の実現を期せし為なりと陳ず、今迄何も仕事しないで町長の態度には甚だ不快なり(4)

赤堀部落は水不足で常に悩ませられるところであったため、大正用水の建設運動に大変力を入れていた。この史料は赤堀の役職の前・現職のものや、農事組合の幹部が、切実な水問題を解決するために、郡翼賛会発会式を利用して、大正用水の実現を陳情したときの模様を伝えている。町長の不熱心さを批判し、町長を超えて郡翼賛会に陳情しようとした部落中心の在地的な性格があったからこそ、彼らは部落の有力者として存在し得たのである。

小作争議の指導者磯実太郎が地主側から有力者として認められた理由や、地主の宮田峰作が町議として選出されたり、大川竹雄が農事組合長として選ばれた理由も在地的な性格があったためであった。要するに、小作争議では部落内が階級の利害論理によって紛糾対立し、部落有力者の機能は麻痺状態に陥ったが、争議後、有力者が部落代表の性格を取り戻すにつれ、在村地主もその村落有力者としてのリーダーシップや地位が回復されていったのである。

いままで述べてきたような、現実の村落社会の運営秩序を国家官僚も無視するわけにはいかなかった。農村経済更生運動の担い手として農林官僚が考えていた「中堅人物」というものは、まず農村経済更生運動が農業経営、または農家経営における「経済」の更生運動であったため、農林官僚は、中堅人物は少なくとも自ら農業に従事するものであることを望んでいた。しかし、中堅人物として特定の階層の人を想定してはいなかった。官僚にとって、中堅人物の階層的基盤は少なくとも耕作地主までを考えていたと思われる。さらに最も重要なことは、「其の村の民衆に率先して、村民の儀表」となる人物、つまり信念とリーダーシップがあって村落のために精進する人を望んでいたことである。階層の利害者ではなく、階層の利害を超える、あくまでも全村的人物でなければならなかった。さらに階層的基盤よりは、むしろ青年層という世代的基盤を重要視していたのである。大川竹雄のように耕作地主であり（耕作地主といっても赤堀最大の地主）、行動力があり、農道精進に励む青年が農事組合長になったことは官僚にとって望ましいことであったに違いない。

中堅人物については、森武麿氏の指摘以来、その階層的基盤が注目されてきた。森氏は中堅人物の階層的基盤が自小作を中心とした中農層にあったことを解明し、そこから官僚の更生運動に「経営の論理」を見出している。しかし、前述の官僚の意図からみて森氏の見解は偏った視点であり、実際にも中堅人物というものは既存の村落の論理によって選ばれるのであって、中堅人物の選出に官僚は強制力を動員していなかったのである。

この農林官僚の経済更生運動の担い手に関する考えをも含めて、昭和戦前期における国家官僚の地方政策意図と政策内容について論じたのが第二章であった。農村更生運動において、農林官僚の現実の農村に対する認識は、非常に批判的であった。農林官僚は、明治維新以後の資本主義的商工業の進展は、農村経済の相対的な窮乏をもたらし、零細な個別的生産を基盤とする農村社会は、市場経済において不利な立場におかれていたとみていた。したがって、国家の基本である農村がこのような状態から脱却するためには、統制ある組織を強固に編成しなければならなかったのである。

しかし農村の実態は「隣保共助の精神で固められた一つの立派な協同的有機体」という理想像とはかけ離れ、一般社会経済の大きな波の中に崩れて「テンデンバラバラ」の状態になりつつあった。農業に対する自尊心、農村生活に対する自信を失って離村、都市集中の傾向が起こる一方、村落内部は小作争議、党争、私怨などの紛争対立にみまわれ、農民は利己的で目前の小利に汲々たる有様であった。また長年の因襲にとらわれて、研究改善の弾力性を失って、物の改良に対する勇気と知識が足りず、無知な、怠惰な生活に甘んじていた。そのため、不況などの問題が起こると、政府頼りの他力主義に走る傾向が強かったのである。官僚はこのような認識のもとに農民の自力更生を喚起しながら、「村の根本的な建て直し」を目指していくのであった。

この更生運動は、国内的には不況による産業の不振、農山漁村や都市の窮乏、対外的には満州事変による列強との緊張関係、日中戦争の危機という内憂外患の国難克服のためであった。この国難を打開して、国運のさらなる進展を図り、新興日本の基礎を確立することが更生運動の目標であり、国民への要求であった。つまり現在の強国としての地位を守りながら、さらなる発展を策するために、経済更生運動による村落経済の根本的建て直しを断行して、「我が国家の永遠に動かざる基礎を確立せんとするもの」であった(5)。

国難を打開して国運のさらなる進展を図り、日本の基礎を確立するという国家目標を国民に要求することは、当然のことであるが、国民に強い愛国的情熱と公共奉仕の精神を求めなければならない。各町村の経済更生計画案には「報恩反始ノ民族的精神ニ基キ、本運動ノ普遍的実施事項トシテ敬神崇祖ノ実行ニ努」めること、「国体観念ヲ明徴ニシ国民精神ノ作興ニ努メル」ことが求められていた。そしてこの国家意識の涵養のもとに、実際の行動として官僚が農民に求めたのは、「農」の精神や自力主義による「経済」の更生であった。

官僚が農村の「経済」の更生として要求したのは、土地と労力利用の一層の強化、流通・金融組織の強化、備荒共済事業、農業経営の改善であり、そのため村にある「保守的」「封建的」要素を打破する勇気と知識（物の改良に対する勇気と知識）を要求していた。さらに「経済」の更生を妨げる共同体的関係の伝統的要素（たとえば頼母子講・冠婚葬祭・社交）の是正を求めた。しかしながら他方では、理想的な共同体的秩序の表現である協同精神、つまり「隣保共助」の精神を強調する。「経済」の更生に必要なものなら昔のものでも理想化し、または現在に符合するよう意味を変容させ、更生運動の土台としていたのである。

根本的な農村建て直しを通じて国運を発展させなければならない国家官僚にとっては、農村内部が「バラバラ」の姿になっているという認識のもとでは、「隣保共助」の精神を何よりも農民の間に徹底させなければならないとしたのは、当然のことであった。また、農村経済更生運動が「経済」の更生であるが故に、農家の赤字経営を建て直すことが目的であり、それを成し遂げるために収入増加と支出の節減において経済論理に基づいた合理化、組織化をはかることの外に途はなかったのである。

一方「農」の意義とは国家の生命、つまり天皇を中心とする大きな生活共同体の大生命を維持する尊きものであり、日本精神の元であり、民族協和の根元であった。そして個人生活というものは、天皇を中心とする生活共同体の大生命の発展のためにその中に投入して、それのために尽くすべきものであった。したがって、西洋の個人主義文明がもたらした営利主義は排斥すべきものであり、「農」の意義を尽くして生産活動を行うべきであった。「経済」の更生の論理とそれを否定する「農」の意義とは一見相矛盾するものであったが、農林官僚は「経済」と「道徳」の論理を以って、それを合理化していた。しかし、その「道徳」の論理は農業・農村を軸にした隣保共助的な「道徳」論であったため、経済更生運動が進むにつれ、その被害者が出る基盤を作り出していた。ともかく、この「農」の意義と「経済」の更生を図った農村経済更生運動が成功するため、農林官僚が重視したものは、組織と「人」であったが、そのなかで最も重要視したのが、「人」の問題であった。

以上のことが第二章を通じて明らかにしたことであるが、筆者が注目しようとしたのは後発近代国家としての日本の国家官僚の地方政策の特徴であった。政策意図の論理構造にみられる国難克服の意識(国家意識)、生活向上、自力更生の人間づくり、隣保共助の精神などは時代によってその論理に含まれる具体的な政策内容は異なるものの、論理自体は近代以来の一貫したものであったと思われる。それは、日本の国家官僚が限られた財源のもとに強大国としての国際的地位を守り、さらに国運を発展させるために、強力に国民を導いていく過程の中で当然出てくる論理であった。就中、自力更生(自助)の「人」が注目されたのである。

官僚は、生産とは一つの社会的営為であるということを重要視し、生産問題の核心を捉えるためには、何よりも人間と、人間が取り結ぶ社会的諸関係に重点を置いた。とりわけ必要とされていたのは、限られた資本を前提に、人間に注意を向け直すことであった。結局、地方政策が成功するか否かの問題は、人間そのものの意識の改造にかかっている。物神崇拝、依存心理の蔓延、自信の欠如、とくに自信の欠如は住民の大半が住んでいる農村地域において著しい。農民は、最良のものは都市にあり、西洋文明にあると認識するようになってきた。これに対し、官僚は、農村問題の解決のために農業に科学を持ち込んだり、保守的な習慣をおそれず、自信を回復し、どのような困難にもめげない意思と能力を備えた農民、つまり新しいタイプの農民をまず必要とした。農民は保守的な村落経済支配者をおそれず、彼ら自身が自らの主人、日本の主人であることに納得すれば、全般的な村の建て直しおよび経済更生に必要な文化・科学および実験の導入にも、改良された制度にも、また労働力の総動員に必要な新しい村落組織にも、その心を開くことができるであろうとみていた。したがって、こうした事業が成就するために、人間づくりの政策を重要視したが、それは官僚が望ましいと思う限りでの「自力更生の人間」づくりであった。つまり、国家の諸政策・諸要請に対し、隣保共助を遂行できる町村民を作り出すことを意図したのである。

第二章が、国家官僚の政策意図、および政策内容を述べたのに対し、第三章と第四章では、地方村落社会の論理と国策への対応を、村落有力者であり、中堅人物である大川竹雄個人の意識と活動を軸にして探ってみた。

大川竹雄にとって農業を営む理由は、最高の価値である神、天皇への奉仕などの「聖なる意義」と、戦時期に強調された「国防的意義」にあった。それを一言でいうと「農道尽忠」といえよう。国家と無縁の世界に生きてきた一人の農民が、農業の意義を「聖なる意義」「国防的意義」に求め、そこから農民としての誇りを感じようとすることによって、日本国家の一人という自覚を強く認識することになった。ここに、昭和戦前期の「国家の一員」意識を強調する地方政策が浸透していく基盤があったと思われる。農村経済更生運動にみられる農林官僚の考え方は、いうならば、官僚的農本主義であった。農業に絶対的な価値を見いだし、国家存立の基礎としながら、その意義あるものとしての「農道」に精進することに関しては、両者の差はなかったのである。大川は、農業生産力向上の必要性のため、当時の条件のなかで、できうる限りのあらゆる農事改良とともに耕地改良も行ってきた。また、戦時下の労力不足、物資の不足（とくに肥料）という悪条件のなかでも、農業経営の向上努力を行ってきた。これは、農林官僚の農林政策と一致するところであった。昭和戦前期の国家と地方社会の関係を「強制」のみをもって解釈するわけにはいかないのである。

しかし、大川が農業の意義を強調する根底には、農民の経済的地位と社会的地位を向上させようとする意図があった。大川が農本主義に接して悩んだことは、農業経営における「営利」の否定であった。結局、大川も農業経営の目的が「金のため」ではないというようになった。しかし「金のため」ではないといい、「聖なる意義」「国防的意義」のためであるというものの、利益ある経営を否定するものでもなかった。大川は、聖職である農業を行うにおいて、自分の労働を、絶対的価値である天皇と国家への奉仕として積極的に評価し、真面目に勤労し、その結果得る農業経営の利益を否定せず、むしろ積極的であった。「私益」と「公益」とを一体的関係と解釈しようとしたのである。

したがって、大川の農業生産力向上の努力にも、耕作地運用の面においても、食糧増産を口実に、大事業である暗渠排水や大正用水の建設などの地域利益を図っていくことにも、共同化を図っていくにも、農業経営の利益が基盤になっていて、彼の行動には熱気としたたかな自主的努力があった。これをみると、安田常雄氏のいうように、戦時下の時代状況に追われ、自己納得していく受動的姿勢に徹していたのではない。戦時下においても、以前から続いていた自主的努力が貫かれていたのである。

さらに、大川は、自分の経営利益に反する作物の選定における自律性の制限、配給制度の矛盾、過重なる供出量などについて、「時局への不平」を主張してやまなかった。また農民の経済的、社会的地位の向上を図る大川としては、「農人は、公租公課の不公平、都市偏重の政策等政治経済的に圧迫」されている現実、「租税に、文化的に冷遇され、経済的には農産物指数、一一三、購入農家用品、一五六」という現実に対し、「今やこのままに放置せんか」と怒りを覚えざるを得なかったのである。加えて農民は社会から賤民視され、農村内部からも自然と離村者が増えていく。専業農家としての大川は、都市発展の制限、都鄙格差の解消などを主張するが、ついに受け入られることはなかった。これをみても板垣邦子氏のいうように、戦時期の食糧増産政策への協力を戦時革新への期待にのみ求めることは一面的であるといっていい。

しかし、官僚の政策との利害の差をのりこえていく一つの基盤が大川の救国意識であり、その端的な例が桐の抜き取りであったことは前述した通りである。不満ながらも国策に接近していく一人の農民としての姿は、「聖戦貫徹」という救国意識、つまり負けてはいけないという愛国心を基盤にしたものだったといえよう。救国意識が要請される時代状況のなかで、農業の意義を「農道尽忠」に求めた人間が、その意図は別にあったとしても、官僚の国家意識に自縄自縛されていく時代の模様が確認されるのである。

この大川は赤堀の村民と行政のパイプ役として活躍した。村落には、国家官僚が国体の明徴を唱っても「天皇必ずしも全き完成人でないから議会等で多数の意見を決定し裁断を得る可なり(6)」という反応があった。また、暗渠排水においても、「耕地課久保田主事暗渠を行えと強要に来たり、辞去の後に皆に相談すれど何の反応もなく結局大正用水実現後迄待つと為す(7)」という反応があったり、増産のための桑園整理においても、村人の反応は、「食糧増産時代なれども減反時代もあり、政府の見通し甚だ困難なり、公益優先といえども誰も桑を抜き行い食糧増産すべきだが出来ぬ(8)」という消極的なものであった。この中で大川は産業組合設置に、共同作業の実施に、暗渠排水の運動に村の人を説得し、進行させていたのである。

本書を通じて、官と民には追求すべき目的に乖離はあるにしろ、民の自主的努力と官の政策内容には共通項があったこと、村落社会の「中堅人物」の一人の個人の中でも、個人の利益と公益（国家の要求）が混在していることなどを指摘した。そしてこの大川のような、時には私益を超えた村落のリーダーの指導力によって、村落社会は曲折もありながら、帝国主義戦争下の国家政策を支える社会基盤になり得たということがいえるのである。

注

(1)『昭和十七年日記』。
(2)『昭和十六年日記』一月二三日。
(3)『昭和十六年日記』三月一九日。
(4)『昭和十六年手帳』。
(5) 小平権一「報徳思想と農村更生」『斯民』三〇―一〇号、一九三五年。
(6)『昭和十六年日記』一月一三日。
(7)『昭和十七年日記』。
(8)『昭和十五・十六年帳面』三月一六日。

あとがき

本書のねらいについては序章と終章をお読みいただくことにし、ここではくり返さない。一九三〇年代から敗戦までの時期（昭和戦前期と呼ぶことにする）の国家権力と村落社会との関係や、村落社会に関する既存の研究を読み、既存の研究に対する不満に自ら答える形で本書を書いたつもりである。

私は当初植民地支配がもっとも強かった昭和戦前期の日本国内の動向を、民間側に地盤を持つ既成政党を中心に考察してみようと思っていた。そしてその軸の一つであった政友会の最後の総裁にもなる中島知久平に関心をもって、中央での既成政党の動きに関して勉強する一方、地盤との関係を調べるために中島の地盤である群馬県新田郡へ出掛けるようになった。ところが、調べているうちに地域住民と政党の関係は第二の関心となり（これに関して本書ではまったく触れることができなかった）、群馬県での成果は本書のような形になってしまった。

このつたない書物でも世に問うことができたのは、数多くの方々のお陰である。群馬県新田郡の調査で新井良夫氏などの旧新田町史編纂室の方々、旧笠懸町史編纂室や太田市史編纂室の方々、尾島町史の関係者、小川泰元東毛歴史資料館長をはじめ、お世話になった方々や聞き取りに応じて頂いた方々にお礼を申し上げたい。そのなかでとくに大川竹雄翁と金井健吉氏との出会いがなければ到底本書は成就できず、別の形になったと思う。

私が本書に関連して群馬県の現地調査をはじめたのは一九八九年頃であった。その時私は、留学生であったが、先生たちの紹介、現地の方々の紹介や情報などを通じて、公共機関の公開資料以外にも集められる資料は集めることが出来た。群馬県立図書館において上毛新聞などのマイクロフィルムをみるときに、時々ピントがあわず苦労したことも一つの思い出になっている。ところで、その資料は行政資料や聞き取り資料のもつ限界もあって、村落社会のおもての世界はよく伝えてくれたが、村落社会の本音を伝えるのには限界があった。壁にぶつかり、さまよう時もあった。そのときに出会った方が大川竹雄翁であった。

当時大川翁は新田町助役を終え、自由な身で新田町の振興のため活躍していた。聞き取りに応じてくださり、話しているうちに大川翁が日記などの個人記録や、旧木崎町に関する資料を所蔵していることが分かった。以後私はその資料の閲覧を何度も懇請したが、個人記録を簡単にみせて頂くわけにはいかなかった。私は閲覧できないまま一九九一年、韓国に帰国して職に就くようになった。それから約一年後、私は大川翁のご理解を得てその記録を閲覧できた。日本も信用の社会である。私は休みを利用して訪日し、一九九三年から本格的にその記録を閲覧し、解読と分析をすることに取り組んだが、そのときに大川翁には大変お世話になった。大川翁はたび重なる私の訪問をいとわず、私をあたたかく迎えてくださったことはわすれられない。心から感謝する次第である。

現地調査というものは、外国人にとって簡単な作業ではなかった。時にはつくばから、時には韓国から、時には東京から群馬へ出かけた。居住地と群馬新田郡を日帰りしながら作業することはしんどいものである。その時に私をご支援して下さった方が金井健吉氏である。私は群馬に行くたびに、太田市の近隣にある金井氏の自宅でお世話になった。金井氏は好い条件の会社の重役の職を捨て、改めて筑波大学大学院で勉強した方で、私とは筑波大学で知り合っただけであった。それ以外には縁も何もないのに、金井氏は何年間も私の群馬での調査が自由にできるようにご援助してくださった。私を家族の一員のように気を配ってくださった金井氏ご夫妻に、お礼と感謝の意を申し上げたい。

群馬県で出会った数え切れない方々を通じて、日本人の生活、生活態度や考え方の断片を知ることができたことも一つの大きな収穫であった。本書はそれと戦前期との関連性をも射程に入れて書いたつもりでもある。

私は一九九五年には國學院大學の招聘研究員として、一九九六年には日韓文化交流基金の訪日研究員として、國學院大學に滞在する機会を与えられ、上山和雄先生のゼミや首都圏形成史研究会、長野県佐久市史料調査などに参加することができた。多様な研究分野の人々が各々の実証に基づいて、ゼミや研究会の時間だけではなく、その他の席においても楽しいながらも真剣な議論を闘わす点もまた私に影響を与えてくれた。渡辺嘉之（練馬区教育委員会）、黒川徳男（北区行政資料センター）、高村聡史（横須賀市史編纂室）、丹治雄一（神奈川県立歴史博物館）、近藤智子（國學院大学大学院）、砂川優氏をはじめ多くの若い研究者に出会ったことは私にとって幸運であった。本書のもとはこの滞日二年間にわたって書き上げたもので、國學院大學に提出した博士論文となった。その際にいただいた上山和雄先生の励ましとご指導には、心から感謝の意を表したい。拙稿を日本経済評論社に推薦してくださったのも先生であるし、本書の出版に当たってもいろいろとアドバイスしてくださった。また、馬場明先生にもお礼を申し上げたい。

私が群馬県を本格的に調査し始めたときは筑波大学大学院に留学中であった。歴史人類研究科の進学以来、ご指導くださった千本秀樹先生にも謝意を表したい。千本先生は社会運動史を教える一方、社会活動を通じて実践も共になさっていて、私に歴史学を勉強する意味を考えさせてくださった。勉強以外の生活にも気を配ってくださった先生のご配慮にはわすれがたいものがある。また、退官なさった後も私の研究に関心を寄せてくださった芳賀登先生、井上辰雄先生にもお礼を申し上げたい。

本書を書くに際して、忘れがたいもう一人の方は近畿大学の木下礼仁先生である。先生が研究のために韓国のソウル大学に滞在した際に出会った縁で、私の日本生活に物心両面でご支援くださった。感謝の意を申し上げたい。加えて、茨城県鉾田ロータリークラブの大場親夫翁のご家族にもお礼を申し上げる。

最後になったが、拙書の刊行を引き受けていただいた日本経済評論社の栗原哲也社長と、編集の谷口京延氏には感謝の意を表したい。また、種々の事務を執っていただいた近藤智子氏にも謝意を表したい。なお、本書の対象とした研究に対してはアジア研究基金・日韓交流基金、國學院大學招聘研究員制度による補助を受け、出版に際してはアジア研究基金の助成を受けた。お礼を申し上げたい。

南　相虎

参考文献

一、史料

①文書

群馬県庁文書
新田町役場文書
大川竹雄個人文書

②雑誌

『百姓』瑞穂精舎発行。
『農政研究』大日本農政学会。
国民研究会『国民運動』。
『帝国農会報』帝国農会。
『斯民』中央報徳会。
『ひのもと』ひのもと会発行。
『家の光』家の光協会。
『政友』立憲政友会会報局。
『民政』民政社。

③編纂物

『新田町誌　資料編　下』新田町史編さん室、一九八七年。
『群馬県史　資料編』群馬県史編さん委員会。

『笠縣村誌　近現代史料集』笠縣村誌編纂室、一九九〇年。

原田熊雄『西園寺公と政局』岩波書店、一九五〇年。

渋谷隆一編『資産家地主総覧群馬編』日本図書センター、一九八八年。

楠本雅弘編『農山漁村経済更生運動と小平権一』不二出版、一九八三年。

群馬県議会事務局『群馬県議会史　四』群馬県議会、一九五六年。

武田勉・楠本雅弘編『農山漁村経済更生運動史資料集成』柏書房、一九八五年。

帝国農会史稿編纂会『帝国農会史稿』農民教育協会、一九七二年。

楠本雅弘・平賀明彦編『戦時農業政策資料集』柏書房、一九八八年。

和合恒男遺稿刊行会編『耕雲歌集』あふち社、一九七〇年。

二、単行本・論文

『新田町誌　通史編』新田町史刊行委員会、一九九〇年。

『笠縣村誌　下』笠懸村誌編纂室編、一九八七年三月。

一九二〇年代史研究会編『一九二〇年代の日本資本主義』東京大学出版会、一九八三年。

『農林水産省百年史』編纂『農林水産省百年史　中巻』一九八〇年。

石黒忠篤先生追憶集刊行会編『石黒忠篤先生追憶集』一九六二年。

安田常雄『日本ファシズムと民衆運動』れんが書房新社、一九七九年。

安田常雄「戦中期民衆史の一断面」『年報　近代日本研究　五　昭和の社会運動』山川出版社、一九八三年。

伊藤正直ほか『戦間期の日本農村』世界思想社、一九八八年。

伊藤之雄「名望家秩序の改造と青年党―斉藤隆夫をめぐる但馬の人々」『日本史研究』二四一号、一九八二年。

伊藤之雄「地方政治構造の変様」『一九二〇年代の日本の政治』大月書店、一九八四年。

伊藤隆『昭和史をさぐる』朝日文庫七五〇、朝日新聞社、一九九二年。

伊藤隆『昭和十年代史断章』東京大学出版会、一九八一年。

伊藤隆『近衛新体制』中公新書七〇九、中央公論社、一九八三年。

井上光貞ほか編『日本歴史大系』(全5巻別巻1) 山川出版社、一九八四年。

宇佐見正史「経済更生運動の展開と農村支配構造」『土地制度史学』一二八号、一九九〇年。

雨宮昭一「大正末期～昭和初期における既成勢力の自己革新―『惜春会』の形成と展開」『日本ファシズム・2　国家と社会』大月書店、一九八一年。

丑木幸男編『大正用水史』大正用水土地改良区、一九八三年。

塩田咲子「戦時統制経済下の中小商工業者」『体系日本現代史4』日本評論社、一九七九年。

加藤陽子『模索する一九三〇年代―日米関係と陸軍中堅層』山川出版社、一九九三年。

丸山真男『現代政治の思想と行動(増補版)』未来社、一九七三年。

宮崎隆次「大正デモクラシー期の農村と政党(一)―農村諸利益の噴出と政党の対応―」『国家学会雑誌』九三―七・八号、一九八〇年。

宮崎隆次「大正デモクラシー期の農村と政党(二)」『国家学会雑誌』九三―九・一〇号、一九八〇年。

宮崎隆次「大正デモクラシー期の農村と政党(三・完)」『国家学会雑誌』九三―一一・一二号、一九八〇年。

宮崎隆次「政党領袖と地方名望家」日本政治学会編『年報政治学　一九八四年度　近代日本政治における中央と地方』岩波書店、一九八五年。

宮地正人『日露戦後政治史の研究―帝国主義形成期の都市と農村』東京大学出版会、一九七三年。

牛山敬二「昭和農業恐慌」石井・海野・中村編『近代日本経済史を学ぶ。下』有斐閣、一九七七年。

玉真之助『「農民的小商品生産概念」について』『歴史学研究』五八五、一九八八年。

玉真之助『「協調体制」論の基礎問題と九十年代の日本農業史研究』『経済論集』(北海学園) 三九―二号。

玉川治三『近代日本の農村と農民』政治公論社、一九六九年。

粟屋憲太郎「翼賛選挙の意義」『太平洋戦争史　四』青木書店、一九七二年。

粟屋憲太郎「ファッショ化と民衆意識」『体系日本現代史1日近ファシズムの形成』日本評論社、一九七八年。

栗原百壽『現代日本農業論』中央公論社、一九五一年。

源川真希「昭和期農本主義運動の一側面」『地方史研究』二二三号、一九九〇年。

源川真希「昭和恐慌期農村社会運動と地域政治構造」『土地制度史学』一二四号、一九八九年。

古川隆久「革新官僚の思想と行動」『史学雑誌』九九—四号、一九九〇年。

古川隆久「革新派としての柏原兵太郎」『日本歴史』四九六号、一九八九年。

古川隆久「国家総動員法をめぐる政治過程」『日本歴史』四六九号、一九八七年。

古川隆久『昭和戦中期の総合国策機関』吉川弘文館、一九九二年。

御厨貴「日本政治における地方利益論の再検討」『レヴァイアサン』二号、一九八八年。

綱沢満昭『伝統と解放』雁思社、一九八三年。

綱沢満昭『農本主義と天皇制』イザラ書房、一九七四年。

綱沢満昭『農本主義と近代』雁思社、一九七九年。

綱沢満昭『日本の農本主義』紀伊国屋書店、一九七一年。

荒木幹雄『農業史—日本近代地主制論』明文書房、一九八五年。

大竹啓介『石黒忠篤の農政思想』農山漁村文化協会、一九八四年。

高橋泰隆「日本ファシズムと農村経済更生運動の展開」『土地制度史学』六五号、一九七四年。

佐藤竺『現代の地方政治』日本評論社、一九六二年。

坂下明彦『中農層形成の論理と形態』御茶の水書房、一九九二年。

三沢潤生・二宮三郎「帝国議会と政党」『日米関係史3』東京大学出版会、一九七一年。

山下粛『戦時下における農業労働力対策』農業技術協会、一九四八年。

山口定『ファシズム』有斐閣、一九七九年。

山室建徳「大正期の名誉職村長について」『社会科学』三七。

山室建徳「一九三〇年代における政党地盤の変貌」『年報政治学』一九八五年。

山中永之佑『近代日本の地方制度と名望家』弘文堂、一九九〇年。

鹿野政直『大正デモクラシーの底流―土俗的精神への回帰―』日本放送出版協会、一九七三年。

鹿野政直「大正デモクラシーの思想と社会」『岩波講座日本歴史　一八』一九七五年。

鹿野政直「大正デモクラシーの解体」『思想』五八三号、一九七三年。

勝部眞人「確立・興隆期における〈近畿型〉地主制の諸特質」広島史学研究会『史学研究』一四九号、一九八〇年。

升味準之輔『日本政党史論』東京大学出版、一九六八年。

升味準之輔ほか「下部指導者の思想と政治的役割」久野修・隅谷三喜男編『近代日本思想史講座　第五』一九六〇年。

小栗勝也「非常時下における既成政党の選挙地盤の維持」『慶応義塾大学院法学研究科論集』三一号。

小松和生『日本ファシズムと「国家改造」論』世界書院、一九九一年。

小峰和夫「ファシズム体制下の村政担当層」大江志乃夫編『日本ファシズムの形成と農村』校倉書房、一九七八年。庄司俊作『近代日本農村社会の展開―国家と農村』ミネルヴァ書房、一九九一年。

庄司俊作「いわゆる『大正デモクラシーからファシズムへの推転』下社会過程（農業問題）に関する予備的考察」『社会科学』三七号、一九八六年。

庄司俊作「戦間期農村史における『総合』論の課題」『社会科学』四〇号、一九八八年。

森武麿「日本ファシズムの形成と農村経済更生運動」『歴史学研究・別冊』一九七一年。

森武麿「戦時体制と農村」中村政則編『体系日本現代史第四巻―戦争と国家独占資本主義』日本評論社、一九七九年。

森武麿「農村危機の進行」『講座日本歴史　一〇』東京大学出版会、一九八五年。

森武麿「農業構造」（一九二〇年代史研究会編『一九二〇年代の日本資本主義』東京大学出版会、一九八三年。

森武麿「養蚕＝畑作地帯における農村経済特別助成事系の展開―静岡県印野村」『御殿場市史研究』二―三号。

森武麿「日本ファシズムと農村協同組合」『日本史研究』一三九・一四〇合併号、一九七四年。

森武麿「戦時農村の構造変化」岩波講座『日本歴史』二〇、岩波書店、一九七六年。

森武麿「戦時経済体制下の産業組合」『一橋論叢』七〇―四号、一九七三年。

森武麿「東北地方における農村経済更生運動と翼賛体制―山形県三泉村」『駒沢大学経済学論集』八―一号、一九七六年。

森武麿「日本ファシズムと都市小ブルジョアジー」『日本ファシズム　2』大月書店、一九八二年。

森武麿編『近代農民運動と支配体制』柏書房、一九八五年。

森芳三「昭和初期の農村経済更生運動について―山形県」『経済学』東北大学、二九―三・四号、一九六七年。

須永徹『未完の昭和史』日本評論社、一九八六年。

須崎慎一「翼賛体制論」『近代日本の統合と抵抗　四』日本評論社、一九八二年。

須崎慎一「地域右翼、ファッショ運動の研究―長野県下伊那郡における展開」『歴史学研究』四八六号、一九八〇年。

須崎慎一「戦時下の民衆」『体系日本現代史第三巻―日本ファシズムの確立と崩壊』日本評論社、一九七九年。

菅野正『近代日本における農民支配の史的構造』御茶の水書房、一九七八年。

菅野正外『東北農民の思想と行動』御茶の水書房、一九八四年。

西村甲一「農林計画行政」農林大臣官房総務課編『農林行政史2』農林協会出版、一九五七年。

西田美昭編著『昭和恐怖下の農村社会運動―養蚕地における展開と帰結―』御茶の水書房、一九七八年。

斉藤之男『日本農本主義研究』農産漁村文化協会、一九七六年。

石川一三夫『近代日本の名望家と自治』木鐸社、一九八七年。

石田雄「農地改革と農村における政治指導の変化」東京大学社会科学研究所編『戦後改革6　農地改革』東京大学出版会、一九七五年。

石田雄『近代日本政治構造の研究』未来社、一九五六年。

石田雄『日本近代史大系8・破局と平和』東京大学出版、一九六八年。

赤木須留喜　『翼賛・翼壮・翼政』岩波書店、一九九〇年。

赤木須留喜『近衛新体制と大政翼賛会』岩波書店、一九八四年。

川東靖弘『戦前日本の米価政策史研究』ミネルヴァ書房、一九九〇年。

太田忠久『むらの選挙』三一書房、一九七五年。

大江志乃夫編『日本ファシズムの形成と農村』校倉書房、一九七八年。

大石嘉一郎「地方自治」『岩波講座日本歴史一六』岩波書店、一九六二年。

大石嘉一郎編『日本帝国主義史2　世界大恐慌期』東京大学出版会、一九八七年。

大石嘉一郎・西田美昭編『近代日本の行政村』日本経済評論社、一九九一年。

大島太郎『官僚国家と地方自治』未来社、一九八一年。

大島美津子『明治のむら』教育社、一九七七年。

大島美津子『明治国家と地域社会』岩波書店、一九九四年。

大豆生田稔『近代日本の食糧政策』ミネルヴァ書房、一九九三年。

大濱徹也・山本七平『近代日本の虚像と実像』同成社、一九八四年。

大門正克『近代日本と農村社会』日本経済評論社、一九九四年。

大門正克「農民的小商品生産の組織化と農村支配構造」『日本史研究』二四八号、一九八三年。

大門正克「名望家秩序の変貌」『シリーズ日本近現代史3』岩波書店、一九九三年。

池田元『大正「社会」主義の思想—共同体の自己革新』論創社、一九九三年。

中村政弘「千葉県における『翼賛選挙』運動について」『千葉県の歴史』二〇号、一九八〇年。

中村政則「養蚕地帯における農村更生運動の展開と構造」『へるめす』二七号、一九七六年。

中村政則『近代日本地主制史研究』東京大学出版、一九七九年。

中村政則「大恐慌と農村問題」『岩波講座日本歴史一九』岩波書店、一九七六年。

中村政則「天皇制国家と地方制度」『講座日本歴史8』東京大学出版会、一九八五年。

中村政則「経済更生運動と農村統合」『ファシズム期の国家と社会1』東京大学出版会、一九七八年。

中村隆英編『日本経済史6・二重構造』岩波書店、一九八九年。

田中学「戦時農業統制」東京大学社会科学研究所編『ファシズム期の国家と社会2』東京大学出版会、一九七九年。

田中和男「近代日本の『名望家』像」『社会科学』(同志社大学人文科学研究所) 三七号、一九八六年。

都丸泰助『地方自治制度史論』新日本出版社、一九八二年。

島袋善弘「大正末—昭和初期に於ける村政改革闘争(上・下)—群馬県〈強戸村争議〉の分析を中心として—」『一橋論叢』六六—四号、六六—五号、一九七一年。

東敏雄『勤労農民的経営と国家主義運動—昭和初期農本主義の社会的基層』御茶の水書房、一九八七年。

筒井正夫「日本帝国主義成立期における農村支配体制」『土地制度史学』一〇五号、一九八四年。

筒井正夫「成立期における行政村の構造」大石嘉一郎編『近代日本の行政村』日本経済評論社、一九九一年。

筒井正夫「日清戦後期における行政村の定着」大石嘉一郎編『近代日本の行政村』日本経済評論社、一九九一年。

筒井正夫「農村の変貌と名望家」『シリーズ日本近現代史　2』岩波書店、一九九三年。

筒井正夫「近代日本における名望家支配」『歴史学研究』五九九号、一九八九年。

筒井正夫「日本産業革命期における名望家支配」『歴史学研究』五三八号、一九八五年。

筒井清忠『昭和期日本の構造』有斐閣選書二七、一九八四年。

藤田省三『天皇制国家の支配原理』未来社、一九六六年。

藤田勇編『権威的秩序と国家』東京大学出版会、一九八七年。

那須皓『農村問題と社会思想』岩波書店、一九二七年。

日本村落講座編集委員会『政治Ⅱ』（日本村落史講座5）雄山閣、一九九〇年。

農法研究会編『農法展開の論理』御茶の水書房、一九七五年。

農民組合史刊行会『農民組合運動史』日刊農業新聞社、一九六〇年。

板垣邦子『昭和戦前・戦中期の農村生活―雑誌「家の光」にみる』三嶺書房、一九九二年。

板垣邦子「戦前・戦中期における農村振興運動―山形県最上郡稲舟村松田甚次郎の場合―」『年報近代日本研究4　太平洋戦争』一九八二年。

服部敬「明治中期の名誉職自治と村政」『大阪経大論集』四二―六号、一九九二年。

福武直『日本の農村』東京大学出版会、一九七三年。

北河賢三「翼賛運動の思想」『体系日本現代史3』。

北河賢三「翼賛体制確立期の国民運動」『日本史研究』一九九号、一九七九年。

北河賢三「翼賛会地方支部及び翼賛壮年団の組織と活動―静岡県の場合―」『御殿場市史研究Ⅵ』一九八〇年。

野村重太郎ほか『軍部と転換期の政治』今日の問題社、一九三七年。

野本京子「一九二〇―三〇年代の『農村問題』をめぐる動向の一考察」『史学雑誌』九四―六号、一九八五年。

有泉貞夫『明治政治史の基礎過程』吉川弘文館、一九八〇年。

有泉貞夫「日本近代政治史における地方と中央」『日本史研究』二七一号、一九八五年。

林宥一「農民運動史研究の課題と方法」『歴史評論』三〇〇、一九七四年。

鈴木正幸「大正期農民政治思想の一側面―農民党論の展開とその前提―(上)」『日本史研究』一七三号、一九七七年。

和田傳『日本農民伝5』家の光社、一九六五年。

暉峻衆三『日本農業問題の展開上・下』東京大学出版会、一九七一年。

上山和雄『陣笠代議士の研究』日本経済評論社、一九九八年。

上山和雄編著『対立と妥協―一九三〇年代の日米通商関係』第一法規出版、一九九四年。

【著者略歴】

南　相虎（Nam Sangho　ナム　サン　ホ）

1957年　韓国ソウル市生まれ
1981年　ソウル大学東洋史学科卒業
1991年　筑波大学大学院博士課程修了（歴史人類研究科）
1991年　韓国京畿大學人文学部史学科講師を経て、現在副教授
1997年　國學院大學より歴史学博士授与

（主要業績）

「山片番桃の対外観—日本侵略論の形成要素をめぐって—」『韓』（日本語）116号、1989年。

「政友会中島知久平派の形成とその性格」『日本史学論集』（日本語）12（筑波大学）、1990年。

「日本帝国主義下の政党—1930年代の革新主義の本質—」『韓日問題研究』（日本語）創刊号、1993年。

昭和戦前期の国家と農村

2002年２月25日　　第１刷発行　　　定価（本体5000円＋税）

著　者　南　相　虎
発行者　栗　原　哲　也

発行所　株式会社　日本経済評論社
〒101-0051　東京都千代田区神田神保町3-2
電話　03-3230-1661　FAX　03-3265-2993
URL：http：//www.nikkeihyo.co.jp
文昇堂印刷・山本製本所
装幀＊渡辺美知子

乱丁落丁はお取替えいたします。　　Printed in Japan

ISBN4-8188-1401-6